科学思维书架

正能量来自哪里？

郑 念 ◎ 著

内容提要

本书是“科学思维书架”丛书之一，是作者在长期的科学精神、科学思维、科学文化研究与普及基础上的心得体会。主题是弘扬科学精神、提倡科学理性、普及正能量思维形式，主要内容包括崇尚正能量的思维形式，如科学思维的相关内容、多角度全方位的评估思维、处理日常生活的善行思维、提倡科学反对迷信的理性精神等。主要特点是通俗易懂、结合实际，具有针对性和普及性。本书内容符合科普的价值引领导向，在实现科普高质量发展方面是一次有益的尝试。本书适合广大青少年和普通公众阅读。

图书在版编目(CIP)数据

正能量来自哪里？/郑念著. —上海：上海交通大学出版社，2023.4

（科学思维书架）

ISBN 978-7-313-28384-9

Ⅰ.①正… Ⅱ.①郑… Ⅲ.①科学精神—研究 Ⅳ.①G316

中国国家版本馆 CIP 数据核字(2023)第 044704 号

正能量来自哪里？

ZHENGNENGLIANG LAIZI NALI?

著　　者：郑　念
出版发行：上海交通大学出版社　　地　　址：上海市番禺路 951 号
邮政编码：200030　　电　　话：021-64071208
印　　制：苏州市越洋印刷有限公司　　经　　销：全国新华书店
开　　本：880mm×1230mm　1/32　　印　　张：7.625
字　　数：178 千字
版　　次：2023 年 4 月第 1 版　　印　　次：2023 年 4 月第 1 次印刷
书　　号：ISBN 978-7-313-28384-9
定　　价：78.00 元

人生的差别从思维开始,不同的思维有不同的人生。人的一生很短,关键之处往往只有几步,如果没有正确的思维指导,就不能作出正确的选择,就可能错失良机,失去成功的机会。

前　言

思维的本质

思维的本质是探索与发现事物的内部本质联系和规律性，是人脑对客观现实概括的和间接的反映，是认识过程的高级阶段。它既是物质的又是意识的，既具有理论性，又具有实践指导性。“人不仅通过思维，而且以全部感觉在对象世界中肯定自己。”[①]这是马克思在《1844年经济学哲学手稿》中对于人的审美及思维活动的论述。思维是人区别于其他动物的重要属性，也是人与人之间存在差别的主要标志。在一定程度上，思维的高度和正确与否（是否带有正能量），决定一个人的成就大小和成功的可能性。思维如此重要，那么什么是思维？它看不见摸不着，如何才能评判思维的有无、对错、高低[②]？

通俗地说，思维是人的意识活动，也就是一个人的心理活动，包括所思、所想以及相关的心理活动。中国传统文化中有很多形容思维活动的俗语，比如“眉头一皱计上心来”“三思而后行”“人无远虑必有近忧”“智者千虑必有一失，愚者千思必有一得”等等，总之，都把思维与行为联系起来，强调思和行之间的关系。我们在强调学习效果

---

① 陆贵山，周忠厚.马克思主义文艺理论宣讲[M].北京：中国人民大学出版社，1999:22.

② 在此不做定义、概念和内容论述，而是用科普的语言，讲一些通俗易懂的道理。因此，不严谨之处请读者见谅。

时，也注重思(知)行甚至是学思行的重要性。但长期以来，思维的产生与行为的结果之间的关系并没有得到深入研究，尤其是思维的“好坏”及其与结果之间的关系，以及好的主意与坏的主意是怎么产生的，就更缺乏系统的研究。心理学产生以后，虽然我们对人的心理活动及其表现进行了系统研究，建立了相应学科，并作为相应技术来解决心理或精神问题，比如进行治疗，心理抚慰，但对思维本身的认识仍然比较笼统，且大多数情况下主要针对心理和情感问题开展研究，即研究心理活动、精神健康、大脑机理等层面，而很少从善的行为和好的结果来揭示思维的意义，相反却主要研究坏的行为及心理产生机制，有时还有专门的研究成果，如犯罪心理学、精神病治疗等。本书所提倡的正确思维，虽然也没有对思维作用于行为的机制和结果进行系统的科学研究，但对于从思维层面弃恶扬善，希望心存善念，激励人们“用正确的方法做对的事情”，产生利人利己的效果，具有一定的从科学思维的角度解决善行的启发意义。

如何用正确的方法做对的事情？首先，要知道什么是对的事情；其次，要能够找到正确的途径和方法，才能高效达到目标。要做到这两点，需要具有评估思维并加以指导，即能够进行判断和选择。而判断的过程和结论都需要科学依据来支撑，需要正确的理念指导①。一般来说，这个过程就是在运用评估思维和批判思维的过程。评估思维是对事实的评价，而批判思维是对思维的评价，是思维的思维②，两者结合能够产生意想不到的效果。因此，养成很好的评估思维习惯，是做出正确决策的基础，而正念的内涵包括善、行、慧的基本内核。

---

① 郑念.场馆科普效果评估概论[M].北京：中国科学技术出版社，2020：18.

② [美]布鲁克・诺埃尔・摩尔，理查德・帕克.批判性思维[M].朱素梅，译.北京：机械工业出版社，2016：2-7.

简言之，正确思维的过程，就是“用正确的方法做对的事情”的开端，也是产生正能量的基础和基本路径。

思维是人类区别于其他生灵的重要特征，更是人类文明进步的原动力。人类社会的每一次进步都离不开思维能力的改善和提高。一般来说，思维能力包括记忆力、理解力和创造力（可进一步分解为想象力、好奇心、探究欲望等）。所以，正确（建设性）的思维就能够促进社会进化和文明进步，能够提升个人品德，产生精神升华，而破坏性的思维则可能导致自然的破坏、社会的退步，甚至产生破坏性极强的个体或产品。因此，崇尚树立正确的思维，无论对于个人、集体、社会（组织）乃至全球社会，都是十分重要的。

思维是人类认识活动的最高形式，是人的本质属性。因为人是一种包含自然属性、社会属性、能动创造属性的从事实际活动的行为主体。思维使人们不仅能够反映由感觉器官所直接感知的事物，还能够反映事物间的内在联系。这是通过对事物的分析、比较、综合、抽象和概括来进行的，是一种用推理或判断间接地反映事物本质的认识活动，它是凭记忆、想象来处理抽象事物，从而理解其意义的过程。

思维在一定程度上可以被认为是知识的运用，但运用于思维的知识不一定完全是靠后天学习、教育和传承的，有时更多地还与经验、经历、环境、历史和文化的影响有关。思维既是一种认知，即知识的运用，更是一种实践，即解决问题的能力。有关于知识的悖论是：“知识如果不能改变行为，就没有用处；但是知识一旦改变了行为，知识本身就立刻失去意义。我们拥有越多数据，对历史了解越深入，历史的轨迹就改变得越快，我们的知识也就过时得越快。”“过去主要的财富来源是物质资产，比如金矿、麦田、油井，现在的主要财富来源则是知识。发动战争虽然能够抢下油田，却无法霸占知识。”[1]我们已经来到了以云计算、物联网为标志的大数据智能化智慧化时代，因此，传统获得财富的主要方式由“丛林法则”主导的抢、偷、霸占，转变为由“合和共生”（我认为是中国哲学倡导的主流价值）主导的学习、思维、价值创造和灾难应对的“智神”模式。

思维本身是个体的财富，是个体行为的先导。在人类群落产生的低级阶段，这种思维方式也比较简单，无非是为了生存和繁衍，满足最基本的需求就可以了，最多结合环境的变化，能够做出趋利避害的选择。随着人类社会的发展，尤其是产生了剩余产品以后，除了简单的生存需求以外，还产生了部分的共有产品。除了个体和家庭的繁衍和生存以外，还存在种族、部落之间的竞争，因而，人类的思维方式也产生了一定的进化，人类从共有制进化到私有制再进化到公有制，呈现出螺旋式上升的轨迹。于是，在思维方式上，以及与思维相结合的行动选择上，不仅要照顾个体的生存和发展，还要考虑族群、国家、星球等共有家园的持续发展。在这种情况下，就存在价值观的差异，不同社会之间的竞争，也就不完全取决于个体或单方面，而要追求一种合力。能否把全社会的力量凝聚成合力，关键就要看是否有正确的思维方式，是否有正确的思想来引导。因此，社会越发展，科技越进步，正确思维就越重要。

当今时代，人们获取知识已经十分便利，但面临的最大挑战、最大问题、最大风险，变成对前途和命运的选择，这就需要有正确的思维导向，以保证人类共有家园的存续和发展。这样，光有知识就不够了。因为知识具有工具性、载体性、媒介性。知识的这种工具性特点，使得

---

① 尤瓦尔·赫拉利.未来简史[M].林俊宏，译.北京：中信出版集团，2017：13－51.

知识可以被用于不同的场合、途径,既可以用于建设,也可以用于破坏。可以为不同的人所掌握,被不同价值观的人使用,可以为善,也可以为恶。不同的立场、观点,表达的内容和达到的效果会有很大的不同,有时甚至是完全相反的结果。不论知识作为工具,用以传递思想、表达感情、申诉需求,还是作为认知结果,用以改造自然和社会,都是思想的产物。思想决定知识的使用和价值,而有思想就会产生智慧,有智慧才有竞争力,不论这种智慧是用于何种用途。知识的载体性主要表现为传递思想、形成历史、传承文化、遗传种群等社会功能。这种载体既可以通过物质实体加以承载,也可以作为代际之间的口头传递,像中国的一些传统技艺那样传承,作为秘传技艺以保持家族的优势。但更重要的是,文字本身就是最重要的知识,很多思想的传递需要通过文字加以表达,文字就成为传递思想的知识载体。当然,还有很多其他载体形式,比如公式、符号、模型、表演等,但这些在一定程度上也是知识的表现形态。所以,知识的载体性是很典型的特征。

无论是信息的传递、流动,知识的分配、消费,都呈现出媒介特性,按照麦克卢汉的观点"万物皆媒",世界上的一切都传递一定信息,知识就更是如此,无论通过文字表述还是语言表述,无论附着物质媒介,还是装在人的头脑里,都是一种媒介,都是一种思想媒介[①]。对于思维来说,知识就像使者,有了想法,通过知识产生行动,通过知识体现结果。

但是,思维和知识之间是相互作用的,就如善行结善果,好的思维产生好的结果一样。我们只有通过正确思维才能产生积极的结果,用科学思维产生科学的行为,用科技知识传载科学思维。因此,

---

① 麦克卢汉(1911—1980),加拿大文学批评家、传播学家、传播学媒介环境学派一代宗师,被誉为20世纪的"思想家""先知""圣人"。以"地球村"和"媒介即讯息"等论断名震全球。代表作有《机器新娘》《理解媒介》《谷登堡星汉璀璨》《媒介定律》等。

在知识、信息、技术极度丰富的时代，科学普及不仅要普及科技知识，更要重视科学思维、方法与精神的传播和普及。

无疑，科学思维是正确思维的重要表现，也是其主要成分。科学思维的本质是理论和证据的协调，这与“用正确的方法做对的事情”具有异曲同工之妙。如果我们用中国传统文化的语境来表述，可以通俗地认为，科学思维是真善美的统一。“对的事情”是“的”，“正确的方法”是“矢”，是达到真善美的路径、技术、手段和方法，是射中目标的箭。科学思维是把两者结合起来，实现目标的过程。

几千年来，由于科学不发达，科学方法和思想没有占主流市场，人们虽然追求真善美，但难以有效达到目的。究其原因，一是缺乏科学方法，从而缺乏有效的判断论据；二是思维还停留在感性层面，理性思维比较缺乏。正因为如此，很多组织和个人，往往挂羊头卖狗肉，打着科学思维的幌子，贩卖一些迷信、超自然的意识。人类的认识和信念受到一些固有心理因素的影响，很容易产生一些认知偏差，最典型的有信念偏差、从众效应、消极偏差、损失规避、圈内偏差、基本归因错误、服从权威等[①]，这些认知偏差实质上也是一种特定情况下的思维模式，往往左右你的选择而不自知，最极端也会产生极大破坏力的情况是，在认知偏差的情境下，不知不觉被洗脑，导致失去自我、精神分裂，影响身心健康，甚至危害周边的人和事。因此，基于评估思维和批判性思维的判断、选择、决策，就显得非常重要，在当今互联网时代的大背景下，正确思维方式尤显重要，其有助于我们正确地认识世界，做出正确的选择和决定。

---

① 布鲁克·诺埃尔·摩尔，理查德·帕克，批判性思维[M].朱素梅，译.机械工业出版社，2016:2-7.

目　录

第一章　正能量来自哪里

正确思维既是科学的，又是人文的。它提倡一种以“善良 + 正义”为主要理念的价值导向和以“科学思维 + 科学方法”为实施路径的思维和行为模式，实现以人文为导向的科技创新，崇尚世俗人文主义的全球伦理观，也是中国传统文化所提倡的精神实践和行为规范，更是中国式现代化本质要求的通俗表达。

1. 想对才能做对

正确思维就是想得对，其内涵可以简单地解释为用“正确的”理念、思维、思想和方法做对的事情。通俗地说，就是“用正确的方法做对的事情，并产生好的效果”，也就是只有想对才能做对，而要做到想对，就要有正确的思维方法。

正确思维与科学思想、科学方法和科学精神很接近，但又不完全一致。正确思维需要考虑结果的性质，也就是说，要有责任和担当意识。正确思维必须符合帕累托最优(Pareto Optimality)效应，这是一切改革和发展所必须思考的问题，也就是在改革和发展过程中，一部分人的受益不会损害另一部分人的利益。大而论之，也可以认为，在社会经济发展过程中，要保持正确的方向，如中国共产党领导、公有制为主体、共同富裕为导向，实现人民富裕、环境美好、社会稳定、国家强盛等目标。这就要求在经济发展的同时,不能给环境带来毁灭性的损害,影响人们的生存环境和生活质量。经济发展不单纯是物质财富的增长,还要考虑其他方面,如环境、安全、社会风貌等。这就是党的二十大报告中提出的,要全面建成社会主义现代化强国必须牢牢把握的五条重大原则。

在人类千百万年的进化过程中,大自然依"道"而行。不论是动物还是植物,依照自己的生物链和自然秩序,优胜劣汰、适者生存。但随着人类力量的介入,就必然会打破这种自然的平衡,尤其是近现代科学技术产生以后,人类所拥有的力量,不仅能够摧毁所有的物种,还有可能毁灭人类自己居住的环境,毁灭地球本身①。在这种情况下,科学思维能够促进科学的发展,却不一定能够保证发展的正义性和效果,不一定能够保证其他物种的延续和发展。从人类社会内部看也同样如此。我们不能以发展的理由剥夺别人的生存和发展的权利,也不能只顾这一代人的物质享受而掠夺资源,危害到子孙后代的生存发展。在知识和文化发展过程中也存在着同样的问题,地球需要多样性,人类社会也需要多样性,需要多元文化并存。因此,任何技术、方法,甚至所有力量都是手段,而不是目的。作为地球上唯一的高等动物,必须要有正当的目的,要有责任和担当。

怎样知道目的是否具有正当性?这就需要我们的思维是理性的,需要用理性思维来进行科学的评估。所谓科学评估是指这种评估不是片面的,而是多角度、全方位、系统性的。现实中,我们不能说

---

① 据有关方面研究认为,世界上有核国家所拥有的核武器能够摧毁地球多次。而从地球及其生物演化的历史看,在人类产生后的大部分时间里,人类在身体器官的功能上并不占优势,直到人类大脑发育进程加快,在思维上优于其他动物,并能够制造出帮助人体器官提升功能的技术和工具,才使人类成为这个星球上的主宰,处于食物链的顶端。

没有评估，只不过是在评估过程中比较片面，而片面的评估就像盲人摸象，得出的结论也会是片面的、不全面的。片面评估很难避免损害整体利益，或者损害他人利益。因此，正确思维除了具备理性、科学精神以外，还要有善良和正义、责任和担当。

人类社会已经发展到了这样一个阶段，即人类拥有的知识和力量是前所未有的，既可以建设一个美好的世界，也可以毁灭我们现在拥有的一切。因此，越是身居高位、具有超人智力、站在科学技术高峰上的人，越需要有正确思维，以高尚的道德情操和人文情怀，保障人类生存环境和地球的可持续发展，保证发展的正当性和合理性。思维和理念是行动的先导，只有思维科学、理念正当，才能保证结果有益，符合可持续发展的目标要求。

正确思维既是科学的，又是人文的。它提倡一种以“善良 + 正义”为主要理念的价值导向和以“科学思维 + 科学方法”为实施路径的思维和行为模式，实现以人文为导向的科技创新，崇尚世俗人文主义的全球伦理观[①]。

任何人、任何技术都有多面性：人可以做好事也可以做坏事，为善还是为恶取决于其念头（思维）或者是所处的环境；技术为人所用，为善还是为恶，取决于使用者的思维。具有正确思维的人，可以正确估计或者评估后果，就可能把副作用降到最低程度。不具备正确思维的人，则可能完全把技术作为利器，为了获得自己的利益，而极大地损害他人利益；为了眼前利益而损害长远利益；为了金钱、权位而不顾道德法律的约束。

我们现在面临着比历史上任何时期都困难的抉择。这是因为，

---

① Paul Kurtz. A Secular Humanist Declaration［M］. New York：Prometheus Books, 2000.

高科技的快速发展给人类带来无数便利和福祉的同时，也给我们带来难以预测的前途选择困境，无论是社会形态、人类生存空间和生活方式，还是自然环境禀赋，现在比历史上任何时候都需要人类调整或改变思维，做出明智的“让步”。

未来已来，我们每个人都身处其中。不久的将来，我们不仅面临着人与人的竞争和选择，还面临着人与机器的较量和竞争。作为个体，一方面很难摆脱人性的弱点，从利他和社会的角度进行判断和选择；即使具有正确思维，也很难摆脱环境的影响，技术越复杂，结果越难以预料，也就越难以判断和选择。另一方面，我们只有选择正确，才能避免灾难；现实要求我们树立正确思维，因为，只要心存正确的思维、理念，就会在一定程度上克服人性的弱点，从他人、国家、民族、社会的角度，对面临的问题进行多方位评估和选择。这就要求我们在评估、判断和选择时，多选几个指标或维度，以避免因为片面而带来的很多负面效应。

正确思维用于不同的层面会有不同的作用和效果。在理念层面，我们首先要坚信，世界是有秩序和有规律的，这种秩序和规律是可以被认识的，认识规律和秩序是为了趋利避害，而不是要破坏和改造这种秩序。人类可以利用规律为自身服务，但这种利用是有限度的，必须保持底线，否则就会受到惩罚。在方法层面上，我们要认识到，方法和技术都是工具，正如刀可以是厨具，也可以是杀人工具；枪可以维护安全、维护正义，也可以用于屠杀和掠夺；核技术可以用来发电，为人类提供能源，也可以作为大规模杀伤性武器，如此等等。没有道德和善良作为统帅，很难产生正念。而正确思维就是在更高的信念指引下的思维。在行为层面上同样需要正确思维指导，缺乏正确思维的人，可能完全自私，可能不顾后果，可能损人不利己，更有甚者,可能危害国家,危害社会,危害人类。

人类社会产生以来,无论是宗教还是科学,无论是历史还是现实,都一再证明,正确思维是维护人心、使人行善、保持心理健康的保证。正确思维充满正能量,能够发现正确的路径和方法,产生良好的效果,达到互惠互利的共赢效果。

2. 正确思维的能量

面对社会快速发展所产生的种种纠结、思虑、怨忧和恐惧,无论是政府、社会、组织,还是善良和正义的人们,都渴望获得正能量。然而,什么才是正能量,这种正能量怎么获得又如何运用呢?

正确思维产生正能量,这种正能量就是正念之能。正能量本是物理学名词,出自英国物理学家狄拉克的量子电动力学理论。但"正能量"的流行则源于英国心理学家理查德·怀斯曼(Richard Wiseman)的专著《正能量》,该书将人体比作一个能量场,通过激发内在潜能,可以使人表现出一个新的自我,从而更加自信、更加充满活力。

可见,"正能量"指的是一种健康乐观、积极向上的动力和情感。当下,中国人对于正能量更是极力推崇,在许多场合都贴上正能量的标签。大意是指那些积极的、健康的、催人奋进的、给人力量的、充满希望的人和事。正能量于是成为一种充满象征意义的符号,代表着善良和正义,表达着潜在我们内心的情感、渴望和呼唤。

那么正能量是怎么产生的呢?笔者认为,只有正确的思维才能产生正确的理念,并产生正确的行为或行动,也就是正能量。中国传统教育历来强调学思行,表示从学习知识到产生思考和付诸行动的认识轨迹。伟大的教育家孔子早就告诫我们:"学而不思则罔,思而不学则殆。”近代教育家则强调学知行，强调实践的重要性。无论是知而行之，还是行而知之，都是要求知行合一。但离开思维层面，都难以达到真正的知行合一。思想既是行动的指南，也是学习的动力，思想和行动结合才是有目的、负责任、有效果的能量。然而，在现实生活中，心口不一却是常见的现象。在特定场合下，也许谁都可以慷慨激昂，谁都可以满嘴马列主义，但要在行动上做到，就不是说起来那么容易的。这里的“心”，在我看来就是想，就是思维。正能量不仅要做到心口合一，还要思行合一，要有正能量的思维，才能形成正确的理念和行动。

正能量的产生也有多种情况。其一是胸怀“国之大者”；其二是产生于自身的正确思维；其三是受到别人的正能量的鼓舞，包括话语和行动；其四是内心的觉醒和自我升华，主动去追随正能量，包括追随充满正能量的人或事物。

那么是不是所谓科学的、理性的思维就具有正能量，就是正确思维呢？不完全是。

我们知道，科学方法有很多，对于认识事物产生了很大作用。这些科学方法催生了新发现和新发明；这些新发现和新发明，又促进了科学技术突飞猛进地发展，人类社会因此得到发展和进步。但是，科技是一把双刃剑，这些思维和方法所产生的效果或者结果，也具有两面性，并不绝对是正效应。其是否有利于人类社会，需要历史来得出结论。如果运用这些思维和方法，取得了暂时性的利益，但从历史维度看，却可能导致生态灾难、人类毁灭、人道主义灾难，那么，这种思维就不能算是正确思维。如果方法和手段很先进，但运用的结果只是对自身有利，却会给他人、环境甚至子孙后代带来不利甚至灾难，那么，这也不是正确思维。

正确思维不仅要方法正确、手段先进、效果明显，还要看其作用方向，产生的效果是否具备“正能量”。这种效果正能量不仅仅利己还应该利他，甚至要有利于人类社会和自然环境。在一定程度上可以说，正确思维是多维、多层次的，具有科学性和社会性。

任何领域都有正能量，都需要正确思维。科学领域充满正能量，因为科学思维大多是正确思维；而宗教、文学、艺术等领域也都需要正确思维。在宗教领域，那些打着正统宗教旗号，却干着损害他人身心健康和引导他人进入歧途的团体，就是邪恶的，一般被称为邪教。在其他领域，也有高喊漂亮口号而干尽坏事的，这些人表面上看充满正能量，但由于其不具备正确思维，最终在行为上还是难以产生正能量的。

所以，正确思维是产生正能量的根本。没有正确思维，也就没有正能量，而是否正能量关键要看效果。没有正能量效果，无论口头上多么充满正能量词汇，也都难以产生正能量。衡量是否具备正确思维，是否正能量，至少要有三个维度的指标：正确的思维和方法、正能量的语言和行动、正能量的效果和目的。

所谓正能量效果，除了具有并能够正确运用正确思维，还要看效果作用的范围，即看是利己、利他、利社会还是利于全人类。凡是立意高远，为了全人类的福祉而奋斗的人，多是具备正确思维的人，会对人类做出巨大贡献。在历史上，这样的人至少都为自己的民族和国家做出了较大贡献，留下了宝贵的精神财富，大多为子孙后代所景仰。

3. 思维与知识获取

在互联网和全媒体时代，科学思维的培养非常重要。这是因为，在当前的信息化社会大背景下，各种资讯、知识、信息充斥在公众周围，这些信息真假难辨，有些知识甚至南辕北辙，互相矛盾，有的纯粹是谣言和伪科学、迷信。这就给人们的选择造成困难，需要公众提升基本的科学素养，才能做出恰当的应对。

当今社会，虚拟与现实相交织，机器与人类共同生活。一方面，人们在日益方便地获取资讯的同时，也可能由于信息过载而导致人们学习疲劳，产生厌烦情绪，导致不愿意学习，甚至产生反作用，失去好奇心、求知欲，而沉浸在低俗游戏之中，陷入娱乐至死之境，从而失去探索的动力。另一方面，面对日益丰富而又真假难辨的信息，需要人们具备一种科学思维尤其是评估思维，即具备一种评估、判断、选择的能力，才能在众多的信息、知识中，通过评估，进行判断和选择，才能避免在信息化浪潮的冲击下随波逐流，从而达到学习和创新的目的。

未来社会，变化更加急剧，这种变化不再局限于物质领域和知识领域，而是延伸到精神、思想、思维、生存空间的各个方面。资源加速消耗，能源、资源、粮食等危机环生；人类代际接续打破传统模式，语言、词汇、行为等快速进化，导致不同年龄间的沟通、认知和理解困难加大，差异不断深化的结果，导致各种社会矛盾突发，影响生活的幸福程度和社会的和谐；知识折旧不断加快，创新所导致的新知识加速涌现，要求我们不断学习，以消除知识鸿沟、信息鸿沟和数字鸿沟。由此可见，未来社会，终身学习成为人类必然的生存和生活方式。

我们知道，阅读是人们获取知识的常用方式，也是获取知识的主要途径，但在当今社会，获取知识的方式已经与之前大为不同，最大的差别在于阅读模式发生了很大变化。记得我小时候为了学习，需要到处找书看，而且流行的大多是连环画，想要阅读除学校课本以外的其他图书，需要到图书馆借阅。但现在不同了，我们可以通过互联网的搜索引擎获得需要的知识和信息，正因为有了这样的便利，我们可以不必死记硬背过去必须记住的定义、公理、公式，也不必以应付考试的方式，事先准备充足的知识，而是需要的时候才去查阅搜索所需知识。其次，我们也没必要随身带着整箱的书籍做研究，而是可以将其储存在电脑和优盘中，也可以直接存储在网络的云空间，需要的时候随时获取。更为重要的是，随着读图时代的到来和（短）视频流行，人们更喜欢快餐式浏览和观看信息，通过手机随时随地连接网络，获取知识。这也意味着，在知识获取过程中会产生很多新的矛盾，一方面，社会需要主流价值观的弘扬，需要知识供给侧提供一些正确、科学、具有正能量的知识内容，另一方面知识供给侧一端，大多是企业运营商，要实现利润以获得生存，必须获取流量、受众、读者。对于知识学习和获取端的读者来说，同样面临着选择风险，一方面是内容正确性的风险，另一方面是学习效率的风险。所以，时代发展、社会需要都呼唤一种新的知识学习和获取模式，以满足国家、社会、公众的需要，科普正好很好地适应这种需要。这是因为科普的属性决定了其所供给的知识具有科学性、正确性、通俗性，同时又具有政治属性和价值引领性，还具有公益属性，以及跨学科、跨年龄、跨阶层的社会性和群众性，能够适应终身学习的需要。

从公众的角度看，科普作为终身学习的重要途径之一，需要科普供给侧能够提供满足公众需要的高质量内容，包括知识、方法、思维和精神产品；从科普供给侧看，科普内容生产需要与时俱进，才能满足社会公众的需要，才能真正发挥创新发展一翼的功能。当今时代的科普，将不再只是传播知识，也不再只是为了提高公众的科学素养，而是要为公众提供生存的技能和学习环境，为公众提供正确的思维和应对变化的能力。如果只是简单传播一些科技知识,不仅很难形成真正的科学素质,也难以满足人们面对浩瀚的知识海洋,进行选择和决策的需要,也很难抵制迷信、伪科学的诱惑。从知识本身的价值看,知识必须服务于社会、促进社会发展和人的素质提升,才有价值。同样,如果科普只是传播一些科技知识,就很难完全体现科普的价值,也没有完全实现新时代科普的社会责任。知识本身是中性的,科普在传播知识时必须具有价值导向,尤其是要承担起应有的社会责任,为建立正确的社会价值体系发挥引领作用。

当前,科普要为建设与市场经济相适应的社会文化服务,这种文化的核心内容就是科学文化,而科学精神与科学思维无疑是科学文化的内核,也是创新文化的精髓。在当代创新创业大环境下,科普不仅要提高公众的知识水平,更要服务社会,为社会发展提供优质的“空气”、肥沃的“土壤”、干净的“水源”,这样才能确保社会不断进步。但在今天,仍然有一些人希望放弃人类理性和自由,回到充斥着神秘传说的中世纪去。科普的任务还十分艰巨,自欧洲文艺复兴运动以来的科学启蒙还需要继续,人类需要对自己的未来承担起责任。

无论从知识的生产和发展过程看,还是从知识的获取和运用来看,现代社会都需要正确的思维和方法。知识的表达需要思想的指导,知识转化为行为更需要精神力量的驱使。正因为如此,我们说知识是用来转化为智慧的,是需要运用和使用的,不能转化为智慧和力量的知识是干枯的,是没有生命力的。鉴于此,我们组织编撰出版“科学思维书架”丛书,从思维的角度出发,探索科学普及新路径,以提升人们识别、运用和转化知识的能力,真正提升人们的科学文化素质,提升人们处理社会事务和参与科学决策的能力。

当今社会的科普早已超越单纯普及(传播)知识的阶段。我们不否认，现代科学产生之初，在公众对科学的认识很少，甚至公众的识字率都很低的情况下，科普主要向公众传播科学知识和原理，主要宣传科技的有用性即其物质性，体现科技的工具理性；我们也不否认，在新中国成立之初，在我国公民识字率不到20%的情况下，我们必须以“居高临下”的方式普及科学知识；但这不能构成“科普过时”的理由，更不能得出“科普过时”的结论①。这只是科普适应不同社会发展阶段而采取适当形式的具体表现。

有人说，传统科普是单向的②，是一种居高临下的说教。这是不符合事实的，至多只能说当时的传播技术不利于互动，或者说科学技术受到传播技术的制约，互动起来比较困难而已。随着信息技术的发展，为传播技术进步带来了极大的空间，科普技术也得到了快速发展，现代的科普和传播理所应当地进入互动形式，这种互动当然会极大地提高传播的效率，提升科普的效果。

当今社会，科学思维和科学精神的普及比知识的普及更重要。据统计，我国网民已经超过10亿人次，手机用户超过15亿人次。随着互联网的普及，在某种程度上公众已经不缺知识，因为公众可以通过智能手机随时随地获取所需要的知识。但是，所获取的知识和信息是否真实可信，所获取的解决问题的路径和方法是否有效，怎样判断和取舍互联网上互相矛盾的信息，却是大家面临的共同难题。那么，作为科普工作者，如何才能减少公众的这种困惑？我认为，作为科普传播的一方，就要确保科普内容的科学性、可靠性、要传播真知识；作为受众，就要有基本的评估、判断、选择、决策能力，这种能力一

① 郑念.科普使命任重道远[J].中国科技奖励，2014(6).

② 吴国盛.走向科学传播的双向互动[N].中国教育报，2001-7-12.

定程度上是以具备科学思维和方法为基础的，不是简单地掌握一些似是而非的知识就能行的。因此，在知识社会、信息社会时代，普及科学思维比普及科学知识更重要，也更急迫。

4. 科学思维的力量

自从培根发出“知识就是力量”的呐喊以来，大家都知道知识的价值，并孜孜以求。然而当今社会，最有力量的或许已经不是知识，而是思维，尤其是正确的思维，亦即充满正能量的正确思维。大多数情况下，科学思维是一种正确思维，能够提供正确的方法，使行动快效率高。但科学思维只是正确思维的必要条件，真正成为正确思维还需要充分条件，即目标正确，也就是做对的事情，以保证善行和好的结果。

知识的力量体现在转化上，如果不能转化，知识就是死的、教条的、呆板的。这种转化既可能转化为智慧，转化为思维，转化为生产力，也可能转化为破坏力。所以，知识转化为何物，取决于掌握知识的人，如果掌握知识的人具有德行，那么知识就可能被转化为正能量，而一旦掌握知识的人本身就是一肚子坏水，那么，这些知识很可能成为其干坏事的高明技术或手段。可见，无论什么知识，都需要以正确的思维加以引导、加工、改进，才能转化为利于他人、社会甚至国家和自然环境的正能量。科技的力量虽然很大，但也必须在人文关怀的掌舵下，才能不被错用，避免导致灾难性后果。因此，在科技知识生产中，要进行负责任的研究和创新，而在科技知识的运用中，要促使科技与人文结合，科技越发展，越需要人文导向，越需要遵循科技伦理。

在远古时代，文字还没有产生，人类的“知识”也许只能用语言来表达和传承，传递知识和信息的工具也非常简陋，即使文字产生以后，书写和流通也仍然十分困难。在这种情况下，人们掌握的知识十分有限，大多只能满足自身生存和生活的需要，即使有人用自己掌握的知识作恶，其影响也非常有限，最多不会超越种族竞争的胜败，或者小范围改变秩序，但无非是张三换李四，轮流坐庄，决然不会影响种族或人类的延续和可持续发展。直到几个世纪以前，人类知识的增长仍然十分缓慢，生产工具从石器时代进化到青铜器时代花费了大约300万年，而从青铜器时代进入到铁器时代，又花费了大约3000多年，因此，知识的力量还不足以改变环境，消灭对手。由于武器主要是冷兵器，即使发生大的战争，也只不过是一个部落与另一个部落之间的战争，其武器的杀伤力十分有限。那时，哪怕预测100年后的情景也是非常容易而又准确的，但进入现代社会以后，人类从工业社会发展到知识社会只不过用了近百年的时间，而从知识社会进入信息社会只用了几十年的时间，从信息社会过渡到智能社会将会更短。在这种情况下，人类社会未来是什么样子，人们将会遇到什么，谁也没法预测。因为人类越来越依赖科技发展的速度，而科技的创新和发展在一定程度上取决于人们的思维创新，因此，树立正确的思维模式，将有利于引导人类社会的良性发展，而不至于走向自我毁灭的结局。

不论是原始蒙昧时期，还是知识高度发达的现代社会，思维一直是行动的先导，人类所做出的种种选择，都是不同历史时期的认识和思维的结果。远古时期，当智人从树上下来，开始穴居的时候，当他们外出打猎采食回家防止迷路的时候，他们会想出一些办法，在“门口”做记号，在洞外插根树枝，或者放块石头。为了记录日出日落的天数，会在木棍上或洞壁上刻痕计数或结绳记事。为了使自己的居住地好看、好记，会事先在脑子里构图，规划出形状和位置。进入现代社会，无论是建筑、交通工具，还是食物、服装，一般都是先有了思维、设计、构图，才建造或生产出来的。这说明，知识只有通过思维，才能转化为各种物体，才能产生各种力量。

我们的大脑不知经过多少年、多少代，经过祖先的多少牺牲，才有今天的进化成果，而被称为智人、现代人。如果我们不能很好地运用我们的大脑产生的智慧，已有的知识很可能成为我们的羁绊，而且被真真假假、大量挥之不去的信息、知识所奴役，更不要说进行新知识的生产、科技创新，就连最基本的判断和选择都难以胜任。在这种情况下，知识只能成为破坏的力量，而无处不在的信息，则会导致性格的分裂和扭曲，被社会所抛弃。

正如《今日简史》的作者赫拉利所言："信息技术和生物技术在 21 世纪给人类带来的挑战，会比蒸汽机、铁路和电力在上个时代带来的挑战大得多。由于现代文明的破坏力过于惊人，人类实在经不起更多的测试失败、世界大战或血腥革命。现代社会如果测试失败，可能导致的就是核战争、基因工程怪物或生物圈的彻底崩溃。"所以，我们需要树立正确的理念，提倡一种正确的思维，以做出正确的选择。未来的世界，可能让人无所适从，即使拥有再多的知识，面对智能化、机器化的人，无论是智力还是体力，我们普通人也只能甘拜下风，因此，知识不再是区别人的能力的主要指标，而思维则是。

5. 了解不同的知识体系

人类社会在不同的发展阶段，具有不同的知识体系，而且不同的知识体系发挥的作用和效果也大为不同，当然获得知识的途径和方式也大相径庭。有人通俗地把不同的知识体系描述为追求不同的价值体现，比如，艺术是追求美的，也可以说是“真和善之间”，有时需要虚构、夸张，有时又充满想象，引导人们去思考而进行创新，并使之成为现实；科学以真为基础，主要揭示自然界的本来面目和人类社会的发展规律。正是社会具有价值多元、文化多元和利益多样性，才使人类社会丰富多彩，人们生活精彩多样，人们的价值追求高大深远。

科学、非科学甚至伪科学，都是人类探索自然过程中形成的知识体系和价值体现，是人类劳动结出的果实，在不同时期发挥着各自不同的作用。非科学和科学两种价值观之间的一个主要区别在于：非科学的价值观是基于感情、信仰、习俗或权威的未经检查的价值观，它根植于某种毋庸置疑的信念；而科学价值观是受到认知和理性探索的知识影响的价值观，基于实证的、可重复的、可验证的方法体系。前者以主观主义为代表，且受到后现代主义者的追捧；后者以客观主义为代表，表现为客观相对主义和客观结构主义。

无论是从自然进化还是从社会文化进化的角度看，基于感情、信仰、习俗或权威的价值观，是人类社会发展过程中的一个阶段性产物，是在科学不发达情况下人类感性认识的成果，并且对人类的发展做出了积极的贡献，在特定的场合下仍然会发挥其应有的作用。但是，随着科学技术发展中所揭示出来和日益凝聚而成的精神要素不断融进人类的价值观念，成为人类选择、判断的价值原则和技术手段，那么受到认知和理性探索的知识影响的价值观必将发挥越来越重要的作用，成为我们构建道德体系和伦理判断的价值基础。

很显然，科学探索的成果能够不断改进我们的价值观，能够促进道德进步[1]，在需要的时候和合适的地方发挥理性的价值观引领作

---

① 郑念.科学促进道德进步[J].科学与无神论，2005(2).

用。我们已经拥有一套约定俗成的判断，在应用医学、心理学、工程、教育咨询和其他领域得到实践的检验。同样，我们也有一套约定俗成的伦理判断，在实践中和在规范的知识体系中受到了检验；而且随着科学的进步，新的规范也会不断被引进到这种判断中来，使人类社会不断兼具公平、效率、正义、诚实、理性、和谐的核心价值理念。

可见，科学不仅具有强大的物质力量，而且具有强大的精神力量。科学技术是推动世界发展的力量已经成为共识，这不仅体现在它给人类带来丰富的物质生活和精神享受上，而且，它极大地改变了人们的观念，提升人们的精神、道德、价值水准。随着科学技术和社会经济的进一步发展，科学技术的精神财富还会得到进一步挖掘。目前，我们对科学技术的精神层面及其所具有的价值认识还远远不够，这不仅是因为长期以来形成的顽固观念还在习惯性地统治着人们的思想，而且，社会进步和观念变化往往是螺旋式前进的，不时会出现“复辟”的思潮，同时也说明关于科学思维和科学方法还未得到系统普及，科学思想没有深入人心，具备科学知识的人不一定具备科学思想和科学精神。这也恰恰说明，科学普及工作还任重道远。

在人类社会发展的进程中，唯物主义和唯心主义，科学和伪科学，科学和迷信，总是在不断地较量。在这个过程中，唯心主义思想家也在不断地修正自己的观点，使之与当下的观念相吻合，这就蒙蔽了部分公众，认为迷信和伪科学也很有道理，从而成为其信徒。甚至有些科学家，在遇到一时难以解决的问题时，也会滑到唯心主义的阵营里去。这也说明科学的精神作用是强大的，这种精神力量，唯物主义者不去加以利用，唯心主义者就会加以利用，成为他们的法宝。任继愈先生曾一针见血地指出：自然科学不但影响着唯物主义，同时也影响着唯心主义。哲学史和科学史表明，狡猾的唯心主义，一般并不会赤裸裸地反对科学和常识,它是把自己伪装成科学,利用科学方案暂时解决不了的问题,做出唯心主义的结论。每当科学思想发生深刻变革的时候,这种情况就显得更为突出。历史上不断发生这样的事情,随着自然科学的新发展,唯心主义哲学也相应地改变着自己的面貌,只不过它的改法与唯物主义不同而已①。可见,科学代表进步的力量,是人类社会文明进步的成果,我们不仅要发挥其物质上的作用,也要挖掘并发挥其精神力量的作用。

6. 知识体系的演变

在人类文明的发展历程中,人们充满对宇宙和自然的好奇,并始终保持着求解未知、探索未来、揭示神秘的浓厚兴趣。正是这种好奇和兴趣,成为人们探索自然、社会和人类自身的不竭动力。人类社会在与大自然斗争、适应、选择和不断进化的漫长岁月中,逐渐形成了不同的知识体系、认知方法和理解途径。在科学的知识体系产生以前,人类在漫长的探索过程中,依靠经验积累,形成了传统的非科学知识体系,这种非科学知识大多基于信仰、习俗、生产实践获得并传承,是传统文化的主要表现形式。

在探索自然、社会的过程中,思维的发展对于知识体系的形成和接近真实的反映,具有重要的意义。正是科学思维的形成,才使人类的认识朝着揭示事物真相的方向发展,才导致科学知识体系的产生。尽管与人类社会的历史相比较,科学的思维方式和知识体系、认知方式和理解途径产生的历史很短,但是,科学技术的发展却很快,与之相应的知识体系、认知方式和思维形式,已经成为探索未知、揭示真

---

① 任继愈.中国哲学史(第一册)[M].北京:人民出版社,2000:8.

相和实现创新的主要路径，成为推动世界发展的主要力量，成为人类社会发展的巨大动力。

翻开人类社会发展的历史，我们发现，我们的祖先付出了无数艰辛、努力和牺牲，经过数千年的积累，才有今天的进步，使人类从懵懂走向成熟、从迷信转向科学、从人身依附达到自由发展！我们这些当代的继承者们，当然不能无视先贤的努力和辛劳，拾其糟粕，丢弃精华，重新陷入迷信的泥淖，失去探索前进的动力，并使我们的子孙后代重新陷入迷茫之中。因此，我们有责任、有义务、有能力，把人类的优秀文化遗产、科学发现、宇宙真理传承下去，让子孙后代沿着先辈的正确轨迹前行，让他们站在巨人的肩膀上，看得更远，走得更好。对此我们应该有清醒的认识，才能做到在继承中创新，在创新中发展。

科学的知识体系包括科学知识、科学方法、科学精神和科学思想，以及由此产生和转化而来的技术知识、工程、方法和思想。其中的每一个方面都是一个知识系统，都是科学知识体系在不同领域的运用，都是构成科学知识体系的重要内容。科学知识体系内容丰富、结构复杂、思想精深，是到目前为止人类在探索自然、社会和人类自身发展中所取得的最先进成果，已经成为一个国家、民族和地区发达水平、文明程度的主要标志。不同国家和地区发达的程度，发展的快慢，前途的好坏，在一定程度上取决于对这些先进成果的理解、继承和运用，取决于对现有科技的掌握和创新，取决于未来科技新知识的创造、生产和使用。而要真正实现继承和创新，就要不断提高公众的科学文化素质，让更多的人理解、支持科学事业，积极投入到科学探索的行列中，并不断取得新发现、新理论和新成果。所以，我们不仅要继承和传播现有的科学知识体系，还要培育科学事业的接班人，培育科学探索的下一代。现代社会是学习型社会，普及科学技术是一个终身教育和学习的任务，科普教育是整体教育的重要组成部分，基于教育而又不囿于教育。科普就是要唤醒公众学习科学技术知识的主动性，提升科学探索的热情，克服迷信和对未知的恐惧，正是科普的这种功能，把教育和学习延伸到全体公民，延伸到人的一生，延伸到学校的围墙外。

对于宗教、艺术、文学和习俗等非科学知识体系，由于其获得知识的方法基于信仰、感悟和想象，有些知识不可检验，大多数结果不可重复。比如宗教的知识体系，艺术的成就和成果，习俗方面的地方知识和隐性知识，都是非科学知识体系。但是，我们要注意的是，非科学知识并不一定是伪科学，有些知识不能被科学检验，但并非没有用；有些技术可以通过师带徒或者通过体悟、“修炼”和训练的方法获得，有的习练者甚至可以取得一定的成就。但由于难以模式化、定量化和智能化，仍然不符合现代科学发展的范式，仍然存在风险和不确定性，不适宜进行广泛推广和传播，不能作为科普的内容。

伪科学知识体系依据其不同的动机和产生途径，可以区别对待。对于科学技术研究过程中发生的错误、失误，虽然不一定是新发现、新发明、新成果，但在一定程度上也是知识生产的“副产品”，有些甚至还可以成为暂时阶段性成果，为真正的创新提供条件。对于各种所谓的超自然现象，如伪气功、通灵术、魔杖探矿等，它们以科学的名义登堂入室，冒充科学，以骗取公众的钱财为目的，则要进行揭露和批判，防止公众上当受骗。对于一些传统的伪科学技艺，如算命术、预测学（如占星术、血型与性格、生物节律、五行八卦、纸牌算命等，则要从科学原理上进行探究，讲清道理，让大家理性对待。

7. 回首觉醒年代[①]

1919 年的五四运动，开启了中国文化革新的思想闸门，在引进了先进的科学、民主、理性等理念的同时，也对本土文化进行了深刻的反思和深入的探讨。这场运动不仅是青年人为了祖国前途而发出的呐喊、抗争和唤醒，而且是中华民族百年巨变的开端，更是中华民族伟大复兴的精神之源。

1840 年，帝国主义用坚船利炮轰开中国国门，此后半个世纪，我们面临着“洋货”的全面占领，西方发达国家用科学发展带来的成果给我们上了生动的一课，使我们真正知道什么是先进，什么是落后，什么是发达和现代，什么是封建和腐朽没落。正是中国的青年发起的这场思想解放、科学启蒙运动，给中国带来了马克思列宁主义，使中国走上了新民主主义革命道路，并用了不到半个世纪的时间，实现了新民主主义革命的胜利，建立了社会主义新中国。从此，我们伟大的祖国进入社会主义建设的探索期，开始了实现中华民族伟大复兴的新征程。

五四运动高举“爱国、进步、民主、科学”和反帝反封建的大旗，其实质就是彻底地、不妥协地反帝反封建的爱国精神。如果说意大利的文艺复兴和法国的启蒙运动，其结果是人本位代替神本位，那么中国的五四运动则是以人本位取代了君本位。回顾百年前的五四运动的成果，可以看出，爱国主义是五四精神的源泉，民主与科学是五四精神的核心，勇于探索、敢于创新、解放思想、实行变革则是五四精神的实质。因此，五四精神是爱国的、科学的、民主的、进步的。从 100

---

① 本节内容曾作为纪念五四运动 100 周年的纪念文章，发表于 2019 年 4 月 29 日的《北京科技报》。

年后的今天看，五四精神就是一种立足本土的科学精神，其核心是科学的、民主的。其典型特征就是德先生和赛先生来到了古老的中华大地，意气风发地开启了科学的征程！

今天，我们纪念五四运动，就是要发扬五四精神。在习近平新时代中国特色社会主义思想的指导下，坚持创新和发展，大力"弘扬科学精神，普及科学知识"，建设创新型国家，为实现中华民族伟大复兴的中国梦而努力奋斗。

科学精神基于理性和实证，是实事求是的马克思主义的精髓。科学精神之所以重要，是因为它是科学共同体的文化实质，是科学事业的灵魂，是人本思想的体征。这是因为，在科学研究中，如果缺乏科学精神，就难免出现弄虚作假、违背科研伦理等不端行为，就难免出现科研疯子，干出泯灭人性的事情，也就难免出现技术滥用，因技术缺陷而导致生命财产的重大损失。这一点已经被很多事实所证明。同样，在科学共同体中，如果缺乏科学精神，就难有真正的合作、协作、奉献和创新，就难以应对日益复杂的全球问题的挑战，就难以应对人类面临的共同灾难。在科学事业发展过程中，如果离开科学精神的理性和实证，科学就可能陷入形而上学的唯心主义泥淖，就可能与无法证伪的异端邪说同流合污，就可能会遍地都是伪科学和劣技术。

站在新时代的历史起点上，回顾百年探索的成功经验和挫折教训，我们深切体会到，五四精神与科学精神，是中国共产党领导中国人民战胜帝国主义、封建主义和官僚资本主义的思想源泉和精神财富。五四运动给我们带来的马克思列宁主义，指引我们取得了新民主主义革命的胜利；五四运动引进的赛先生，使中国实现了飞跃式的发展。

青年是历史的火车头。在创新创业的新时代，同样需要青年人热情、奋进，他们既具有五四精神的爱国和变革求新传统，又具有科学精神的求是、创新、理性和实证的品质。在我看来，五四运动带来的思想和理论基础及所蕴含的科学精神，不仅是科学共同体的行为规范，更是一种时代行为规范，是科学素质的核心内容和具体体现，是五四精神的最实质的内容。

今天，我们弘扬科学精神，就是在继承和发扬五四精神。百年的风云变幻说明，不管时光如何变幻，不管岁月如何涤荡，五四精神都世代相承，激励着成千上万的中国青年去实现国家富强、民族振兴、人民幸福。站在新的时代历史维度，我们要进行伟大斗争、建设伟大工程、推进伟大事业、实现伟大梦想，更加需要饱含爱国热情的青年人勇当先锋。

实现伟大复兴的中国梦，把我国建设成为社会主义现代化强国，是一项长期任务，需要一代又一代人接续奋斗。“五四”已超越了其所诞生与嵌入的历史，成了一种“超时空”的永恒存在，推动着无数爱国青年在奋斗中交出无愧于时代和人民的合格答卷。

牢记历史，才能不忘初心，才能继续前进。青春既是血雨腥风里坚守的铁骨，也是攻坚克难时创新的先锋。青年，自五四运动以来，便一直以自己的敏锐和热血青春推动历史进步。同时，青年也与这种进步一道成长，肩负起对于这个国家的历史责任，塑造出具有时代光芒的民族精神。我们相信，赢得过巨大光荣的中国青年，必将在新的历史时期，赢得更大的光荣。

8. 科普技术与方法

科普就是把科学探索的结果以及所形成的知识、思维和方法体系,用科普技术向公众进行传播,并在公众中形成崇尚科学知识、科学方法、科学思想和科学精神的氛围,以提升公众的科学素养和使用科学技术解决现实问题的能力。科普要激发公众尤其是青少年对科学的兴趣,让他们愿意投身科学研究工作,能够用科学的方法去解决问题,用科学思维去思考问题,用科学精神去探索未知。

科普技术是指在科普过程中所采用的技术及方法体系,包括科普创作、传播、教育、宣传、推广、终端表达、效果评估等的技术、途径和方法。可见,科普本身是科学,是应用性很强而又有基础理论支撑的学问,并不是简单地传播一下就完事了,也不是做不了科研、搞不了教学才来做科普,更不是谁都可以做的,或者说"做不了别的事情只能做科普"。

科普创作技术或技巧指运用科普特有的表达方式,把科学技术知识(原理、方法、精神)进行创作、转录、翻译成公众能够接受的形式,进行传播、宣传和普及,其中要运用到文学、艺术中的许多表现手法,比如拟人、比喻、形象化等。这就要求科普创作人员,既要有科学技术知识功底,又要有文学功底;既要懂科学,又要懂艺术。因此,科普创作并不是一件容易的事,非要下苦功夫不可。那种在文学作品中掺杂一些科技名词就认为是科普作品的认识是错误的,那种用科技名词包装玄幻作品而冒充科幻的做法也是极其有害的。

科普传播技术则是科普技术与传播技术的结合,科普传播技术是科普技术的一种,两者既有交叉,也有区别。传播技术更是一种信息传递技术在传媒中的运用,不仅可以传播科普内容,也可以传播别的内容,比如新闻、各类知识甚至是迷信伪科学。但科普传播要求内容上的科学性、通俗性,传播的内容是通过转化、创作的科技知识;表现方式上,一般采取易于理解、互动、参与、实验等形式。受众在科普过程中，既是在接受教育、学习，也是在体验和参与。

科普教育则是指通过科普的形式使公众接受教育，树立正确的人生观、价值观。在一定程度上，科普教育是科普的效果体现，也是一种教育技术。就像科普和校外教育是学校教育的一种补充形式，科普也是一种通俗的教育方式，不仅适用于校内学生，还适用于对非专业、校外的“学生”进行教育，因此，科普教育更具有社会性，有更广阔的市场。

科普终端表现技术是在互联网、手机新媒体、移动端的信息化大背景下，科普内容载体的发展和表现形式的创新，这种终端表现技术具有移动化、泛在化、视频化、全时化特征，无论何时何地都可以就近随时获取所需科普内容，同时具有可转发、可互动、可娱乐等科普技术的共同特点。

科普技术与传播技术有本质的不同。以上提到的科普技术，首先要求内容具有科学性，内容可靠正确，并运用科普创作技术，比如，科普科幻作品创作、展品展览创作和策划、数字媒体显示创作技术等，使传播内容既要正确，还要让大家能懂。但传播则追求的是新闻效应，所谓“语不惊人死不休”。如果源头是污水，传播技术越强大，污染就越严重；如果内容是错误的，传播越广，危害也就越大。但是，科普传播则是借助传播技术来传递科普内容，包括传播渠道、传播工具、手段、方式等；除此之外，还借助现代信息技术进步所带来的终端呈现技术，包括印刷、声像、多媒体、新媒体、VR、AR、MR 等技术，来增加对科普用户的黏性，提升科普效果。这也是科普与科技传播的主要区别之一。

科普是一种方法，一种提升公众基本科学素养的方法。通过提升公众的科学素养，对于一些似是而非的传播内容能够进行基本的判断和选择，对于生产生活中遇到的一些科学技术问题能够进行分析、识别，寻求答案；对于一些骗人的伎俩能够识破或者保持怀疑的态度，对于未知领域保持好奇而又不轻易下结论。这就要求在知识层面，具备基本的科技知识，了解基本的科学原理；在方法层面，能够用科学的方法去求知和论证；在精神和思维层面，要有科学思维，比如怀疑的精神、批判的精神和评估思维。现代社会已经进入大数据、云计算、物联网的新时代，以移动、泛在和智能为特征的智慧型社会正在兴起，人类早已抛弃结绳记事、刻痕计时的古老技术，扬弃了珠算、筹算的传统技能，走向智能计算机、光量子计算机的新时代。如果我们仍然止步于几千年前的认识，把人类远古时期面对强大的自然而无能为力、只能祈求上苍的认识当作真理，则无异于作茧自缚，坐井观天。

9. 中国道路中的科普

2021 年是中国共产党成立 100 周年，《中共中央关于党的百年奋斗重大成就和历史经验的决议》向世界展示了中国成功的经验，其中之一是坚持中国道路，其内涵就是中国共产党的坚强领导，人民至上的治理理念，求实创新的精神品格，与时俱进的理论指引，和谐共生的发展方针等。中国道路的背后充满着一些更深层次鲜活的中国故事，那是人类智慧的光芒、社会实践的积淀和创新的足迹。越来越多的学者在研究探求中国道路背后的密码、动力源泉和制度安排，展望中华文明将继续为人类发展进步作出怎样的贡献。对照 100 年前近代中国的屈辱和 100 年后今天中国的成就，我们发现，科普是中国道路中比较鲜明而又独特的基本元素，在各个不同的时期发挥了基础性的作用，润物无声，滋养成长。公民科学素质是衡量科技大众化效果的重要指标，是测量、评估科普效果的重要方法，中国公民科学素质从1992年的0.2%，提升到2020年的10.56%，这是成为创新型国家的主要标志。在新征程上，科普必将发挥更大作用，成为创新发展的重要一翼，成为人类命运共同体的重要推手，成为共同富裕的重要路径。

一、唤醒民众，凝聚中华民族伟大复兴的最大力量

回想建党初期，中国共产党的先驱陈独秀、李大钊、毛泽东等，从寻找救国道路中发现了马克思主义的真理，用科普的技术（进行通俗化表达、大众化传播、社会化运用）传播科学理论，教育民众、唤醒民众，组织救国救民的行动。通过对百年科普历史的梳理，对党的科普为民、复兴民族的伟大使命，有了更清晰的认识。在风雨如磐的土地革命斗争、民族解放斗争中，党积极开展科普工作，唤醒民众，开启民智，提高素质，为新中国成立奠定了思想理论基础，培养了人才队伍，积累了先进经验；在如火如荼的社会主义建设和改革时期，又通过开展科普工作，提升社会生产力，展开真理认识大讨论，与各种教条僵化思想作斗争，发挥科普的统一战线作用，与迷信伪科学做斗争。在继往开来创新发展的新时代，党中央把科普作为创新发展之一翼，放在与科技创新同等重要的位置。所有这些做法在国际上是史无前例的，充分体现了科普的中国道路特征，也充分体现出不断提升认识创新理论的科普特性。今后，中国的科普经验，必将成为世界上众多国家学习的经验，成为引领价值、建设人类命运共同体的有效路径。

100年前，科学与民主的呐喊，唤醒沉睡的雄狮；科普传递的真理，穿透重重迷雾，照亮了前进的方向。用马克思主义武装起来的中国共产党，领导人民翻身得解放。今天，科学普及作为创新发展的一翼，必将焕发更大活力，凝聚最大力量，创造出一个崭新的世界。

二、普及科技知识，把科学交给人民

1933 年 4 月，中华苏维埃共和国临时中央政府和中革军委从江西瑞金的叶坪村迁到沙洲坝。一直以来住在沙洲坝的人，吃的是又脏又臭的塘水。当地流传一首民谣，“有女不嫁沙洲坝，没有水来洗手帕，三天无雨土开衩，天一下雨土搬家”。毛泽东看到这种情况很是痛心，决定要帮村民解决这个问题。

沙洲坝是一个前连丘陵、后依高山的村庄，前面村边蜿蜒而过的沙洲河河床遍地沙石，不易存水。当地居民迷信风水，一直流传着沙洲坝是旱龙爷的地盘的说法，他们宁愿喝脏水，也不敢得罪“龙王爷”。毛泽东了解这一情况后，带领大家选择了一个地点，为老百姓挖了一口井。他笑着对大家说：“挖井是为了大伙有干净的水喝，真要是有旱龙爷来找麻烦，就让他找我好了！”一席话逗得大伙都乐了起来。

在艰苦的革命岁月，毛主席非常重视科普，号召大家学习自然科学知识，他自己更是身体力行，一直在这样做。他教大家，在这口井底铺上一层薄薄的石子和木炭，相当于安装了一个过滤器，会使井水变得更加清澈。这口井直径 85 厘米、深约 5 米，记录了中国共产党一心为民的一段事实，成为后来大名鼎鼎的红井。如今，这口井贮满清泉，也贮满共产党一心为民的深情厚谊，成为共产党“让科学造福人民”的见证和精神传承载体。

红井故事只是中国共产党人利用科学力量造福人民的一个缩影，但这些具体的故事映射出中国道路的人民情怀和科学精神的力量本质。从中国共产党波澜壮阔的百年征程，可以看出其历久弥坚的初心使命，可以解开为什么“自从有了中国共产党，中国的面貌就焕然一新了”的神奇密码。中国共产党诞生于半殖民地半封建社会，人民苦难深重，虽顽强反抗却找不到出路的时代。中国共产党的成立，犹如一道曙光照亮了中国人民和中华民族前进的道路，从建立中华人民共和国到开启改革开放和社会主义现代化建设新时期，再到进入中国特色社会主义新时代，中华民族迎来了从站起来，富起来，到强起来的伟大飞跃，迎来了实现中华民族伟大复兴的光明前景。

三、提升科学素质，实现全体人民共同富裕

改革开放以来，党中央坚持中国道路，不断创新理论，以先进文化、科技武装民众，提升公民科学素质，实现飞跃式的发展，实现物质和精神上的共同富裕。国内生产总值达到101.5万亿元（2020年），经济总量成为全球第二，人均收入达到1万美元；公民科学素质从几乎为零（解放初期，文盲比例达到80%以上，公民科学素质几乎为零），到2020年达到10.56%，大学入学率达到50%以上，实现九年制义务教育，公民的识字水平几乎达到百分之百。

在各个不同的时期，科普作为社会教育的重要手段，不断提升公众的科技认知，推广使用先进科技成果，转化推广普及科技创新成果。在新时代，科普成为创新发展的重要一翼，与科技创新之翼同振共驰，成为构成新时代创新发展的新态势。

“把科学普及放在与科技创新同等重要的位置”是新时代创新发展的重要遵循和理论指导，也是科普高质量发展的理论基础和思想指导。习近平总书记高度重视科普工作，2008年以来多次对科普工作作出重要指示。在2016年的“科技三会”上，他语重心长地指出：“科技创新、科学普及是实现创新发展的两翼，要把科学普及放在与科技创新同等重要的位置。”理论界将其简称为“两翼论”和“同等重要论”。这一重要指示，是对科普理论和创新发展理论的重大创新，是马克思主义发展观在新时代的重要体现，将有利于国家创新战略、发展观、科技观、历史观相统一，真正把科学普及放在与科技创新同等重要的位置。在科技与人、科技与社会、科技与自然等各方面，“两翼论”都充分体现出新时代的战略高度和理论高度。

四、弘扬科学精神，建设人类命运共同体

“两翼论”是对马克思主义发展理论的最新贡献，开拓了马克思主义政治经济学理论的新境界。其深刻**阐明了科技创新与科学普及的辩证关系，具有重要的理论意义、鲜明的时代特点和突出的现实价值**。从理论上看，科技创新与科学普及就像硬币的两面，没有科普工作的支撑，科技创新也难以行稳致远，没有科技创新，科普就失去了普及的本体，就像无本之木，无源之水，科普也没有实际的意义。从历史上看，科技不仅要创新，更要普及，才能发挥其应有的作用，只有创新和普及两翼齐飞，才能形成创新高地，才能形成科学中心，吸引人才、资金和技术的流动，形成知识流动和扩散的生态，并不断提高，实现高质量发展。从现实看，通过实施“两翼齐飞战略”，实现科技创新与科学普及的政治引领、经济赋能、文化复兴、社会治理等各方面的功能，立足新发展阶段、贯彻新发展理念、构建新发展格局、推动高质量发展，进一步完善国家创新体系，加快建设科技强国，实现高水平科技自立自强，这是时代赋予我们的使命。

科学普及是以深入浅出、通俗易懂的方式，向大众介绍自然科学和社会科学知识的一种活动。除了普及基本的科学知识与基本科学概念之外，其主要内容还包括实用技术的推广，科学方法、科学思想与科学精神的传播。科学普及的主要功能是通过提高公众的科学素质，使公众通过了解基本的科学知识，具有运用科学态度和方法判断及处理各种事务的能力，从而具备求真唯实的科学世界观。如果说科技创新相当于建设科技强国的“尖兵”和“突击队”，科学普及的作用就相当于夯实全民的科学基础。科学素质作为公民素质的重要组成部分，同样能够反映一个国家和地区的软实力，同样是决定自主创新能力和经济社会发展水平的关键因素。发达国家的经验也告诉我们，科学技术的进步和普及构成社会进步的一个内在动力。也就是说，科普不到位，科技创新难。我们要建设创新型国家，必须像重视科技创新一样重视科学普及。只有两者齐头并进，我们才能顺利实现从制造业大国向创新型国家的华丽转型。

10. 珍惜地球家园

在浩瀚的太空中，悬浮着一颗蓝色的星球，不远不近地围绕太阳周期性地旋转。由于这个星球处于独特的位置，因而成为太阳系中孕育生命的独特星球，其表面有海洋、森林、高山、湖泊、平原和草地，有肥沃的田园和贫瘠的沙漠，有生机盎然的植物，也有活蹦乱跳的动物，呈现出勃勃生机的蓝绿色，远看是一个蓝色的球体，而在太阳系的边缘回望，则是一个黯淡的蓝点。这就是我们居住的地球。

这个星球夜以继日地接受太阳的能量，通过植物的光合作用，转化为人们日常消费的食物和能源。太阳是地球上所有生物的能量来源，在千百万年乃至数亿年的进化中，地球有了自己的生物圈和生态系统。然而，自从有了人类以后，人们就不再满足于大自然的赐予，而是不断地有目的地提高人类需要的各种物质水平，人类也就成为食物链中的最大变量，成为影响自然演变和生物进化的力量。

在人畜力为主要生产力的历史时期，人类对自然的索取还是十分有限的，人类与其他生物处于自然的循环和相互依存中，其环境处于长周期的生态平衡中。自从近代科学技术产生以后，人类的生产力取得了突飞猛进的发展，尤其是机械革命和电气革命，直接导致了产业革命，从而使地球上的物质生产力得到极大提高，呈现出物质丰富、人口快速增长的态势。进入20世纪，知识增长呈现加速势头，社会经济发展进入知识社会，知识也就成为重要的生产资源，促使人类财富迅猛增长。21世纪，随着信息技术进步，尤其是互联网的兴起，世界呈现出丰富多彩的发展态势，最为明显的是，知识、信息、财富、能量的流动加速，除了物质世界以外，又发展出来一个虚拟世界，而且，虚拟世界由于其技术优势、交流便捷、具有隐蔽性，成为人们"聚集"的理想场所；此外，物质科学技术的发展向着分子水平、原子水平甚至是粒子水平迈进，核能、转基因、纳米等技术，既能服务人类、改造人类，也能毁灭人类。在这种情况下，如果没有正确的理念作为指导，没有人文精神作为统领，一旦技术被一些邪恶之人所掌握，给人类带来的影响将是灾难性的。所以，科学技术越发展，越需要正确思维，只有正确思维才能够产生正能量，才能够保障人们的命运，才能够具有责任和担当。

人类已经来到了新的十字路口。如果说20世纪人类面临的主要是可能引发生态灾难而需要人类做出选择，那么，21世纪人类面临的选择是：继续作为地球的主宰，还是由于自己制造出来的智能"生命"而失去主宰地位，最终毁灭自己。应该说，现在认识到这一点还不晚，如果我们一味地追求技术先进性，无限制地追求"创新"，尤其是对于一些敏感领域的创新，那么，就可能为自己制造了掘墓人，使人类失去自己生存的家园，使自己生活在荒诞和恐惧当中。

不可否认，我们目前面临的全球问题，大多是由科技发展带来的。尽管科技界和哲学家非常乐观，认为科技发展带来的问题也会由科技发展自身来解决。但危机一旦出现，其破坏程度也许等不到研究出解决办法，就已经导致了人类自身的灭亡。虽然，我们现在面临的地球环境问题，比如全球变暖、生态变坏、人口剧增、核战争威胁、太空竞争、大规模病毒扩散、生化危机等还在可以承受的范围内，但不知道哪一天，这些问题就会突破极限。尽管霍金的预言①也可能在短时间内不会发生，但是，如果我们不能树立正确的思维、理念，如果我们不加限制地掠夺和破坏，那么，末日的到来也只不过是时间问题。

总之，要改变行为，首先要改变思维和理念。树立正确思维，是我们产生正确思维、形成正能量的基础。今天的改变，是为了我们的明天，是为了给我们的子孙留块良田，为我们的未来保留阳光。

11. 关注人类命运

党的十九大报告中明确提出，要“弘扬科学精神，普及科学知识，开展移风易俗、弘扬时代新风行动，抵制腐朽落后文化侵蚀”。党的二十大报告中进一步明确提出：“加强国家科普能力建设，深化全民阅读。”这是党中央在新时代对思想宣传、文化建设、意识形态工作的要求和指南，也是新时代科普工作的总体方向和目标。

1. 科学精神的正能量取向

科学精神伴随科学发展而产生，是科学发展的结果和产出，又是科学发展的保证和动力源泉。科学既有与宗教、艺术混为一体的原始或萌芽时期，也经历了与宗教、人文艺术相冲突的矛盾斗争时期，最终还会发展到与人文、艺术相融合，成为时代精神文明建设的重要内容。“科学精神就是这样在继承和弘扬优秀的文化传统、更新和创造新文化的内涵的漫长历史时期中崭露头角、与时俱进的。”源于古

---

① 霍金预言指的是著名物理学家史蒂芬·霍金在2010年接受美国著名知识分子视频共享网站BigThink访谈时，称地球将在200年内毁灭，而人类要想继续存活只有一条路：移民外星球。

希腊的理性精神和文艺复兴的实证精神是科学精神的两大支柱[1]。此后，随着科学发展和时代变迁，科学精神的内涵不断丰富和发展，尤其是进入近现代以后，出于创新发展的需要，协同创新、包容发展、自然和人类社会的和谐，成为科学发展的必要环境，科学精神也就成为社会甚至是全球、全人类所认同的共同文化内核。

科学精神既是普适的，又是独特的。这是因为，科学本身是独特的，是有别于其他学科或文化门类的——“科学含有宗教的圣洁，艺术的忠实，哲学的超然性，文学的创造力；但是，没有宗教的神秘，没有艺术的缥缈，没有哲学的玄想，没有文学的浪漫。”[2]正因为如此，生发于科学的科学精神便具有其他学科或亚文化门类所不具有的独特品性，或者至少是强化和扩展了它们所拥有的某些特征。科学精神又是普适的，因为科学精神是先进文化的内核，任何民族和社会，要发展，要创新，要实现现代化，就不能没有科学精神作为文化的内核来发展自身的文化。

党的十九大报告中把“弘扬科学精神”放在“普及科学知识”等内容的前面，体现了新时期文化和精神文明建设的特征，符合时代的发展要求，有利于科学精神发挥更大的作用。一是用科学精神引领新时代的道德文化素质建设；二是通过弘扬科学精神，抵制腐朽落后文化的侵蚀，抵制迷信和腐朽文化的泛滥；三是新时代的科普工作，要优先弘扬科学精神；四是新时代的科普工作不仅要提升公众的科学素质，更要起到“开展移风易俗、弘扬时代新风行动，抵制腐朽落后文化侵蚀”的带动和引领作用。这既是新时代科学精神的特征，也是党

---

① 李醒民.科学的文化意蕴——科学文化讲座[M].上海：高等教育出版社，2007.

② 方子卫.现代科学与文化[M].台北：中华文化出版事业委员会，1952.

中央对新时代科学精神的定位和希冀，我们一定要高度重视，认真研究总结新时代科学精神的内涵，大力开展宣传、推广、普及工作，以充分发挥新时代科学精神的作用。

2. 新时代科学精神的实质

目前科学发展的新时代与我国乃至全球发展的新时代处于重叠时期，可以说，提炼并弘扬能够表征新时代中国特质的科学精神，既是激励民族奋发图强、实现复兴的现实需求，也是为建设人类命运共同体、促进世界的和谐发展奉献精神食粮和中国智慧。

所谓精神实质，就是对精神内涵的进一步概括与凝练，形成简要规范的表达。新时代的科学精神可以概括为：求真务实（理性、实证），协同创新（创新、包容），以人为本（致善、人本），和谐发展（发展、普惠）。这与社会主义核心价值观的本质是相同的，也是习近平新时代中国特色社会主义思想的本质体现。

因此，新时代的科普工作应该以传播、弘扬和普及科学精神为首要任务。这不仅是党中央的要求，也是时代的特点和科学精神的本质属性所决定的。科学精神具有内在固有的科学性，也有时代的发展特征，它不但是现代科学体系的灵魂，而且深刻地改变了人类社会文化价值观，其内核已经成为全人类文化的共有特征。以科学精神为内核的科学文化是社会主义先进文化的重要组成部分，是社会主义核心价值观的内在思想源泉。历史的经验表明，一个国家要走向发达富强，一个社会要走向文明和谐，一个民族要走向繁荣复兴，离不开先进文化和科学精神的引导。今天，我们坚持和弘扬新时代科学精神的实质就是坚持马克思主义的发展观，坚持习近平新时代中国特色社会主义思想；就是要用科学的精神来推动创新驱动发展战略，助力中华民族的伟大复兴。这是树立和弘扬科学精神的立足点，也是做好各项科技发展工作的思想保证。

3. 建设人类命运共同体

科学及其精神从产生之日起，一刻也离不开传承、弘扬和普及。科学精神正是在传播和普及过程中不断从科学共同体内部扩散到社会、全球的，并在人类其他精神文明的碰撞与融合中不断得到充实、完善和发展。随着科技发展、人类进步和社会繁荣，科学精神及其所承载的科学文化，必将成为联结不同民族、国家、精神信仰与文化的纽带，成为全球共同遵循的价值观和哲学理念。因此，在建设全球人类命运共同体的视野下以及全力推进中华民族伟大复兴的征程中，引领科学发展需要用充满科学精神的马克思主义理论为指导，深入贯彻落实习近平新时代中国特色社会主义思想，使科学精神发出时代最强音。

第二章　透过现象看本质

世界充满未知，我们只是认识了很少的一部分，未知的内容仍然很多。对于已经认识的部分也存在不同的见解和结论。这是因为事物在运动变化过程中，常常不以真相示人，如果只看到局部或表面现象，则可能被假象所蒙蔽，得出错误的结论。

12. 正确对待已知与未知

有关研究表明，我们今天所知道的知识，只是冰山一角，而且很多知识并非科学知识。从我们认知的器官——大脑的功能考察，现有的研究结果认为，人类大脑只有很少的功能被开发了，还有巨大的认识潜力，有待我们去开发①。人类知识从认知和传承的角度来看，可以分为已知和未知两大领域，并且未知领域远远大于已知领域。从生命个体和人生周期看，人的生命是有限的，而认知是无限的，正所谓“吾生也有涯，而知也无涯”。正因为如此，人类需要不断探索，不断求解自然的奥秘，才能不断获取真知。对待未知，不同的人有不同的态度，不同的领域，也有不同的态度和认知方法，而不同的态度

---

① 很多心理学家认为，人的大脑只使用了 3%，也有人认为使用了 5%，还有人认为使用了 9%，但有一点已达成共识，人类大脑 90%以上都是处于休眠状态。

和认知方法会导致不同的认识结果。

对待已知领域，人类与其他动物不同。人类会主动在已知领域进行教育和传承，通过建制化教育、家庭教育、社会教育等方式，系统地学习和获得知识(其他生物只能通过遗传获得习性)，通过科普、教育、传播等传承技艺、思想和文化。并且，在这个过程中，不断纠正错误的知识，提高认知水平，深化认识层次。这也是不断进行的知识积累过程，这种积累达到一定程度就会从量变到质变，最后实现认识的飞跃。随着科技的发展、社会的进步，已知领域会逐渐扩展，认识方法也相应地变得日益科学和理性。

对待未知领域，人类在不同时期有不同的方法和态度。在人类社会的早期，由于认识自然的能力和技术十分低下，面对强大的自然力量，比如地震、洪水、风雨雷电、生老病死等，人们在极力抗争并不断提高认识水平的同时，对于一些暂时无法解决的问题，只好求助于超自然力量。通过一定仪式，寻求保佑和庇护，希望借助超自然力量，征服自然，消灾弥难，实现人与自然的和平共存。随着人类社会的发展，人们在漫长的探索过程中，通过积累和传承，形成了正确的探索未知领域的方法，尤其是现代科学诞生以后，这种探索已经突飞猛进，产生了质的飞跃。但是，由于在人类探索自然界奥秘的过程中，始终存在着时空无限性和人类认识能力有限性的矛盾，虽然科学提供了先进技术和方法，能够拓展探索的空间范围和认识深度，却无法穷尽未知，总有难以理解和无法解决的问题，于是，即便是科学家，面对更深层次的未知，也难免会暂时寻找心灵的栖息地。对于一些暂时还束手无策的问题，有时也会求助于或者追问超自然力量。一些科学家也会走进神学的“殿堂”，暂时休憩，寄希望于神圣意志来解释科学研究中的难题。但这不能说明这些暂时歇息的科学家就是科学的叛徒。

对待未知领域的不同态度是形成不同知识体系的基础。把未知交给上帝，就必然导致崇拜、迷信和盲从，其形成的知识体系就是宗教、臆想、神秘、超自然的；其"实体"必然是上帝、鬼神、灵魂和超自然力。这种探索和求知的结果，让人类认知水平回到蒙昧阶段，制约了人类探索自然奥秘的动力，由于缺乏试验的基础和支撑，其理论无论如何自圆其说，说得如何美丽动人，都是虚幻和虚假的。既不能转化为现实技术和生产力，更不能促进经济社会发展和科技进步，还会消磨人们探索的意志和动力，阻碍科技发展。在日益全球化和充满竞争的当今社会，这将会使我们失去发展的大好时机。

把未知交给科学，就是用先进的知识体系，系统的求知方法，不断创新的目标取向，来探索未知、求解问题、寻找答案。近代自然科学的发展，使人类社会的文明程度达到无与伦比的新高度，知识的总量增加，知识转化为生产力的速度不断加快。据统计，人类社会在最近 30 年生产和积累的知识比历史上所有时期的总和还要多，使人类社会的物质丰富程度比历史上任何时期都要高①。在人类发展的历史过程中，任何知识体系只有经过教育、传承、普及的过程，才能被认识、掌握和运用。科学知识也不例外，科学的教育、传播、普及的过程，在当今社会就是科普过程。随着我国公民科学素养的快速提升，2020 年我国已经跨入创新型国家行列。未来 15 年，我国将打造世界科学文化中心和人才高地，向建设世界科技强国，实现高水平科技自立自强迈进。

---

① 据统计，人类科学知识总量在 19 世纪，50 年增加 1 倍；20 世纪初期，30 年增加 1 倍；20 世纪 50 年代，10 年增加 1 倍；20 世纪 70 年代，5 年增加 1 倍；20 世纪 80 年代，3 年增加 1 倍；20 世纪 90 年代更快。近 30 年来，人类所取得的科技成果，比过去两千年的总和还要多。与此同时，科学技术转化为生产力的速度也越来越快，20 世纪初，需要 20—30 年，20 世纪六七十年代激光与半导体从发现到应用只不过用了两三年，而现在信息产品的更新换代只有十几个月。

13. 如何区分真假知识?

当今社会,人们的生活大多依赖网络。面对无处不在的网上信息、知识,刚开始人们还无比欣喜,觉得既可以满足娱乐的需要,满足交流和联系的需要,又可以满足学习的需要,答疑解惑的需要,但随着深入的了解,人们发现这些信息和知识未必可靠。同样一个问题,出现多种不同的答案,让人无所适从。各种保健养生理论也到处传播,有些做法不仅无益,反而有害。在这种情况下,如何获得真知识、真信息,掌握正确的理论就显得十分重要。

那么,怎么知道一些知识、信息和说教是否靠得住呢?

理论界公认,一种假说被大家广泛接受必须具备三个条件:第一,它的理论体系必须是自洽的,即它必须自圆其说,不是自相矛盾的。第二,它必须对已有的发现能够准确地描述,即这种假说能得到实证,是符合现有的科学实践的。第三,根据这种假说能够得出一些推论和预言,而这些预言能够被将来的实验和观测所验证。当越来越多的推论和预言得到验证时,这一科学假说就得到科学家的广泛接受,而这一科学假说也就被称为科学理论了。但科学的理论和知识既是耐用的又是易错的,也就是说只能在一定的范围内有效,超出了一定的范围就可能被新的理论所替代,用新的理论体系来解释,正因为如此,科技创新才成为人类进步的途径。从求知路径的角度看,人们在求知过程中,具有一些特定的方法。目前公认的方法有四种:信仰、权威、直觉和科学的方法。这就要求我们,首先要知道知识和信息的来源,这是我们判断真假和可靠性的最简单方法,因为,一般的信息都有来源或出处,凡是没有来源和出处的信息、知识,我们就不要轻易相信;即使有来源,如果来源单位不具有公信力,或者“专业不对口”的单位，也要保持谨慎。尤其是一些自媒体的信息，来源不明，或仅凭主观臆测，或者过度推论，或者似是而非地分析，我们都应该保持谨慎的态度。

我们更应该清醒地知道，人类的认识具有历史局限性和阶段性，有些认识在当时的社会背景和历史条件下，可能是进步的，是一种先进的解释，但随着新的证据的不断出现，或者认识工具的改进，更加清楚地发现了新的事实，我们就要修正已有的认知；有的认知虽然缺乏证据，但在特定历史条件下形成并为人们所运用，在一定程度上可以满足人们探索未知的需要，有的经过千百年的使用，已经形成文化习俗或民间信仰，也就仍然有存在的社会基础，并在一定范围内发挥应有的作用。比如，基于阴阳五行、天干地支、易经八卦的算命理论，也是中华民族数千年经验积累的结果。从理论上看，也是能够自圆其说的，所以，传统的中医、巫术，甚至算命等也是人类认知的结果，他们也有自己的理论体系，只不过这种理论并不一定科学。因为与之相应的行为大多不可重复，或者不能得到实证，或者不能进行预测并指导社会实践。与这些知识相应的措施、方法，以及其有效性，往往很大程度上取决于施术者的经验、权威，而不是逻辑推理体系和实验的实证方法。

直觉的方法是一种经验感觉和基于经验所产生的对外界的反映，大多是文学、艺术、创作领域的创造性求知方法。在科学研究领域，一些有经验的科技工作者，也会具备一种直觉思维的能力，并且通过这种能力，克服长期悬而未决的问题，使人豁然开朗，达到“柳暗花明又一村”或者“无心插柳柳成荫”的效果。[①] 正如毛泽东告诫的：

---

① 钱时惕.重大科学发现个例研究[M].北京：科学出版社，1987.

“人们必须通过对现象的分析和研究，才能了解到事物的本质，因此需要有科学。不然，用直觉一看就看出本质来，还要科学干什么？还要研究干什么？所以要研究，就是因为现象同本质之间有矛盾。但假象跟一般现象有区别，因为它是假象。”

科学的方法是一个体系，由观察、实验、逻辑、推理、演绎、归纳、运算等方法组成。这些方法是以自然存在为基础，以现有的知识体系、公理、定理和规律为基础，使用逻辑推理方式，进行推论、求证的结果；科学方法中还存在抽象思维，基于现有理论和知识，但有时虽有合理性，却暂时得不到实证，需要时间来证明，直到发明了更先进的研究技术和手段以后，才能进行论证。如爱因斯坦广义相对论的很多预言就是在数十年以后，才被观察和实验所证实的。

寻求知识的方法很简单，当今的很多知识都各成体系，且不同的知识体系也各有道理，无论是通过阅读前辈传承或历史记录的知识，还是自己依据理论生产的新知识，都能够提升个体的知识水平；但对于求真之法，则必须符合科学的知识生产之道，依据科研实证求得真知。求真之道必须基于事实，符合理性，具有实验依据，并可以重复验证。

14. 理解科学很重要

直到今天，当被问到“科学是什么”的时候，答案仍然是仁者见仁，智者见智，莫衷一是。其实，这正是科学的迷人之处。不知道“科学是什么”也无伤大雅，知道“科学是干什么和怎么来的”则更加重要。因为，了解科学是干什么的，也就能进一步理解科学和科学家所从事的事业。也许大家都知道，科学从事实验，进行测量和观察，运用假设、推理、论证等过程，建立起解释事物的结构、状态、行为和原因的各种理论；科学家通过研究发现规律，发明技术和工具，提出解决问题、改变事物运动方式的建议和安排；科学家在了解和掌握规律、原理、理论的基础上，对未知现象提出假设、进行检验，探索种种有关自然界的问题，并努力对它们作出回答，为后人留下继续探索的阶梯；同样，科学家也进行猜测、反驳、证实和否证，通过进一步研究，区分真理与谬误、明智与愚蠢；科学会告诉我们，如何到达我们想要去的地方，如何做想要做的事情，等等。这一切都是科学家要做的事，都是科学要告诉我们的事实。但这并不是全部，了解这些，也并不就是真正理解了科学。

科学发展的历程，就是科学家（科技工作者）历经坎坷，求真求实的过程；科学是探索未知，获取真相的过程，是发明创造，征服自然的过程。在黑暗的中世纪，科学被宗教当作神学的奴婢，在欧洲，为了冲破中世纪的黑暗，一些科学家（也许当时还不这么称呼）为之付出了生命的代价；而在科学开始显示自己的力量，推动世界前进的时候，有人又把科学的成果用来作为战争的工具，屠杀人类自己。人们一会儿把科学技术当作发财的机器，倍加推崇；一会儿又把它当作“毒蛇猛兽”，鼓吹要回到原始时代；一会儿把科学当成神秘不可测的高峰绝顶，可望而不可即，以致把科学家神化；一会儿又认为“科学人人能干，人人都是科学家”。可见，人们要正确理解科学，还有很长的路要走。

科学神秘又不神秘，普通又不普通。神秘之处在于，科学探索可以揭示宇宙和大自然的奥秘，不神秘指的是这些奥秘本来就存在，都是自然现象，就像空气和水一样围绕在每个人的身边。科学家像平常人一样但又与平常人不同。相同之处在于，他们同样有七情六欲，需要衣食住行，会经历生老病死；不同之处在于，他们有规范的行为准则、思维方法,获取真相的技术和途径。

科学探索有自身的规律,而这种规律是可以被认识的,科学家就是揭示这种规律并使其为人类社会所利用的探索者。只要按照科学的方法去探索求证,就会有收获,哪怕一时还找不到正确答案,但否定了错误的答案,也就向正确的答案靠近了一步。科学家有自己的特点,这是科学家的一种精神气质,这种气质的凝聚就是科学精神的重要组成部分,既是可以培养的,也是可以作为文化进行传承的。

科学探索获得的知识是可以证实或证伪的,其结果是可以重复的,科学知识既是耐用的,又是易错的。科学家虽然有着与常人不同的特质,具有种种自身的个性,但他仍然是常人,并非无所不知、无所不能的先知先觉者,有时甚至在自己专业以外还不如普通人。科学家的调查结果、报告、发现,必须接受同行的检验,需要得到科学家共同体的认可。

我们应该知道,“科学不能解决一切问题”,但科学既是耐用的,又是发展的[①]。科学的发展正是从科学的缺陷处开始的,因此,科学的瑕疵和它所显露的完美程度同样重要,都是人类进步的结果,是进一步探索的前提和需要。同样,科学家以他们的成就赢得我们最深切的尊敬,但是,科学家承认还存在许多他不能解释的事物,承认他的知识结构存在着缺陷,或者说他所掌握的知识不能完全“科学地”说明、解释我们人人都了解的某些平常事情。科学家像我们当中的其他人一样,也不是“完人”。但这并不能成为我们藐视科学和科学家的理由,而只是给我们树立了一种向任何权威挑战的勇气,唯其如此,才能使一个个科学的高峰被踩在人类的脚下。

---

① 美国科学促进会.面向全体美国人的科学[M].北京:科学普及出版社,2001.

毋庸讳言,今天我们人类,我们这个世界,在科学上取得了极大的成功,并且,通过科学转化为技术,技术转化为生产力,在征服世界、取得物质财富方面,也取得了巨大的成功。然而,我们也为此感到悚然,即不知何时我们已经或将要为这样的成功付出高昂的代价。

第一,科学在战胜灵魂的同时,也把人与人之间的关系赤裸裸地表现为物质利益关系(尽管我不认为这是科学的过错,而是掌握科学的人片面利用科学所致,比如只注重其带来的物质效应,而忽视了其精神价值,或者是人的欲望没有得到很好控制的缘故),并暴露在传统的说教(礼仪道德教化)面前,使传统黯然失色。但时间一长,自然的报复和社会的惩罚,反过来使科学遭受指责,而使它羞涩地低下高贵的头,因为它不得不面对自然的报复,接受事实这位老师的教诲。在人类对真、善、美的追求中,科学可以给人真实、美好,但科学不能给人善良,在这方面科学“无能为力”。这也是我们提倡正确思维的初衷之一。

第二,我们的普及文化中,科学家一直被描绘成疯疯癫癫、沉迷其中不能自拔的样子,或者是天真轻信的样子,让人们对科学家形成了一种刻板印象。其实科学家是受到某种根本的和危险的“强制”(也许是一种好奇,一种勇往直前的探索精神)去探究、发现,甚至打开潘多拉的盒子。结果,这种无约束的揭示将使得隐藏在我们自身之中的“秘密”难以保存,隐私越来越难以存续,传统的礼义廉耻观受到严峻挑战。于是,我们苦于想要认识又害怕发现,渴望科学知识所带来的力量,又厌恶这种力量强加于我们的令人畏惧的责任。我们的各种社会与文化设施,我们的教育体制,我们的经济活动全都产生过这种分歧。这种分歧处在“科学的”和“人文的”这“两种文化”之间,我们落进了二者之间的鸿沟:一方面我们知道科学是理性和人类文化的最高成就，另一方面我们又害怕科学会变成一种发展得超出人类控制的不道德和无人性的工具，一架没有灵魂的吞噬着它面前一切的凶残机器。于是，科学与人文之间的融合和沟通甚至比纯粹的科学研究更加重要，这种连接是科学文化的培育场[①]。

第三，科学不仅让我们超支了属于子孙后代的资源财富，还恶化着我们居住的环境。尤其让我们担忧的是，我们这个星球、我们所在的环境，对科学的负荷还能承担多少、多久？为了改善和提高人类的生活水平，我们不得不向自然界索取；为了人类的繁衍生息，我们又必须保护环境，珍惜仅有的资源。这就使人类徘徊在希望和恐惧之间，站在现在与未来的十字路口[②]。

不管人类对科学采取何种态度，希望也好，恐惧也罢，对于科学的许多畏惧以及许多期望都是建立在"不理解"的基础之上的。要解决这些问题，就需要理解科学及其历程。这种需要的理由是，我们希望有一种人文主义的文化，有一个自由和文明的社会心愿。这对于科学家和非科学家都是一种同样重大的需要。唯有理解能使我们超越流传的神话，超越习俗、教义和传统的观念。这种理解是社会共同的责任，也是保持社会正常发展的需要。唯有这种建立在大众理解基础上的科学，才是克服了"神秘化"的科学，才是人民大众的科学，才能真正为全人类服务，才能保持正确的发展方向。

科普的过程就是增进大众对科学的理解和认识的过程。因此，理解科学并不难。我们只需对科学的基本特征作理性的考察并在批判中加以继承和超越，同时，认识到科学中没有"神秘"，有的只是需

---

① 杰伊·A.拉宾格尔，哈里柯林斯.一种文化？关于科学的对话[M].张增一，等，译.上海：上海世纪出版集团，2017：342－349.

② 欧文·拉兹洛.多种文化的星球[M].闵家胤，译.北京：社科文献出版社，2001.

要加以理解和研究的东西。

理解科学有两条主要途径。一条是通过正规教育对科学本身的认识；一条是通过非正规教育（职业教育、科普教育、培训等）对科学增加了解，以达到理解科学的目的。

第一条途径所要求的目标，也是我们的教育目标之一。这种教育的全部课程，从小学到大学都提供对科学的学习、认识、研究。学生在学习中接触到关于“宇宙”“自然”“物理世界”“生命”“社会”等已知知识。通过这种学习既了解精彩纷呈的世界，也了解科学的本质、过程和功能等。通过对科学知识、原理、方法的学习，理解物质的构成、相互作用，认识定律的作用方式和理论的适用范围。通过学习理解、掌握和运用能量、力、染色体、原子量、适应和重力等这些理论术语，使普通的加减运算变成更抽象、更具有理论性的“数学”，“数的知识”代替直观计数，规则代替传统习惯，数学被结合到对物理的描述和有关事实的推理中。

现实要求我们理解科学，改变思维方式，正确地运用和发展科学，但问题是，现在的教育体制是否真的能够或满足了这种需要？从现实情况看，目前的教育体制培养的结果是，学生完成中等教育后，虽然已经获得了大量的基础科学知识，但其中很大一部分与他的实际工作和生活是无关的，也就是很少有运用的机会，当然，这些知识也就很快会被忘记，而真正实用的知识又不够；另一方面，对于一些科学的原理、方法一知半解，或者不能掌握并作为使用的技能、工具和方法。更有甚者，随着数字化、信息化、智能化的快速发展，知识型的教育体系只能配合满足成绩的目标考核，难以满足社会对劳动力的要求，很多人一毕业即落伍。这种情况一方面说明，我们的教育体制需要改革，教育内容需要修正；另一方面说明，科学发展到现代，要求实行终身教育，即大力发展非正规教育，才能满足社会和科技发展的要求。[①]

改革需要从学习的方式入手，因为把一生的学习任务让学校教育来承担，既不现实，也无效率。对传统的教育方式，进而对传统的学习方式进行反思，已是十分必要和紧迫。如果避开对教育本身的讨论，我们可以从学习的方法、途径上来探讨。我们需要在科学自身的范围之外去进行学习。

学习的目的不再是追求“考试分数”，而是追求理解和提高科学素养，这就需要落实科普的责任。科普是对科学进行理解的捷径，因为科普着力消除科技与社会之间的矛盾，可以填补教育与社会需求之间的“缝隙”。通过科普，消除科学领域内的陌生，消除科学家与公众的隔阂，增进公众对科学的理解，解除科学发展的后顾之忧。同时，科普的学习方式，摆脱了单纯记忆概念和知识并以应试为目的的传统教育的束缚，具有过程学习的优点，如通俗化、艺术化、沉浸式、互动式、体验式等。当今时代，在我国，科普已经成为创新发展的一翼，成为科学技术自身发展历程的重要环节。在科学发展的历程上，铭刻着其带有共同经验、共同理解方式以及共同交流和思想方式的历史印记，科学不是一蹴而就的，具有累积性和连续性，是无数科学家接续奋斗的结果。虽然，科学已经创造了十分严格和优雅的语言，但是，在科学之外，在科学被运用到生产中、社会实践中的时候，它还是不得不讲述人类共同的自然语言，不得不用科普的方式，用大家都听得懂的语言来进行交流、传播。科普方式把在我们的普通语言和

---

① 2021年7月24日，中共中央办公厅、国务院办公厅印发了《关于进一步减轻义务教育阶段学生作业负担和校外培训负担的意见》；2021年11月25日，教育部办公厅中国科协办公厅关于利用科普资源助推“双减”工作的通知。

理解中所表达的世界，与出现在科学对话的语言和理解中的世界联系起来，这是科普的责任和使命，也是科学发展的必要过程。

科学对话中所揭示的世界，科学家看待世界的方式，与我们日常关于世界的观念是不同的。科学家的眼睛、耳朵和手虽然和其他人一样，但他所看到、听到的世界，处理事物的方式，却与一般人大不相同，他具有一种观察事物的独特眼光，能够透过现象看本质，具有去伪存真的本领和抽象概化的理论品质。例如，我们接触到的事物如桌子、椅子、星星、动物、风霜雨雪，在普通人眼里通常是一个个实体概念，而在科学家眼里，则是一些抽象的关系。他们用结构、规律、部分与部分之间的关系以及部分与整体之间的关系、起源与发展、变化及其有序的序列等术语对它们加以研究和描述。他们的探究导致各种事物概念的科学表述，形成科学术语。正是这种细微的、深入的研究，导致对各种事物不同的和日益增长的理解，并加以整理形成系统化的理论和知识体系，通过与别的科学家交流，深化、改善、修正自己的理论，最终形成对各种事物复杂特征的认识。通过这种对科学过程的学习了解，人们可以认识像质量、运动、位置、时间、化学元素和原子结构、物种和适应、社会和文化这类概念，并不是各种孤立的零星碎片。相反，它们是彼此联系的，并且联系于一个概念网络，依靠这个概念网络，就可以举一反三地得以理解，形成我们可以称之为概念框架或概念结构的东西。对于科学家来说，这些概念指导他们进一步开展工作，包括理论创新、实践研究和科学实验。这些概念结构使科学家的工作系统化，从而使他在此处的发现影响着他对彼处的发现的理解，通过概念框架提供的思维和推理网络将它们彼此联系起来。

科学概念是从事科学思维的工具，成为我们提倡的正确思维的知识基础。概念不是一些单纯的、零碎的知识，而是一些科学的方法、思维和精神，概念包含着意义内容，是科学体系的构件。科学家用这些概念知识，理解和掌握已有科学成果，继续探索发现未知领域，即通过已知探求未知，并以可交流传播的形式把它们表述出来。因此，思维一刻也离不开概念，离不开已有知识的支撑。

但是，我们也应该看到，概念不是凭空产生的，它代表着前人的探究成果，也是历史的传承和文化累积。理解科学不仅要学习科学的知识体系，也要从科学与常识的联系中理解不同的知识，发现科学与人文的共同根源。科学家对科学的理解是以其研究的内容为目的的，受到学科和专业领域的限制。而我们所提倡的对科学的理解，超出任何专门的学科限制，更大程度上是一种文化的沟通，是领会其精神，具有科学哲学的性质。采取这种理解方式，是把概念框架提供的科学思想的基本形式，与我们的日常习惯相结合，使我们的日常行为符合"科学"的规范。这种日常规范的内核就是科学文化，是科学与人文的融合和沟通。这种理解是科学和人文之间的桥梁。

15. 揭示真相找出规律

据考古发现，直立人的出现已经有 600 多万年的历史，现代智人的出现也有 7 万年的历史[①]。中国自"三皇五帝"以来也有 5 000 多年的历史[②]。人类在漫长的历史进程中，大部分时间处于缓慢的进化阶

---

① 关于人类的起源存在不同的见解，有多中心说、一个中心说，现代人起源的时间和地点也存在较大的争议。参见：彼得·克里斯普.文明[M].苏扬，张天，尚宁，译.北京：科学普及出版社，2020：8.

② 据史书记载，最后一位黄帝至今约 5000 年，故常说成中华民族 5000 年文明史。参见：卜宪群.中国通史：从中华祖先到春秋战国[M].北京：华夏出版社，合肥：安徽教育出版社，2021：53.

段，自从有了科学的认识、理性的复归、人文的复兴，才有了人类社会突飞猛进的发展。尤其是到了近300年，发展加速，而近100年来，又特别是近50年来，人类社会更是以超级加速度发展……差不多每一个时代所创造的生产力都等于人类几千年的总和，在短短的几百年间，发生了一次又一次的技术和产业革命，使人类的生活、生产和工作方式发生了一次又一次的巨大变革[①]。究其原因，可以概括为人类对规律认识的艰难突破。

纵观人类社会发展的历史，在漫长的探索和斗争历程中，人类长期生活在一个非理性的社会，那时，自然界何以有风雪雷电、日月星辰、季节更替；人类社会何以王朝更迭、兵戈相残，人们并未获得理性的认识，而是简单地把这些现象归因于上帝的主宰和“神”的旨意。也就是说，人类面对浩瀚的宇宙，身处混乱无序的社会，掌握不了自己的命运，便只能寄托于一种超自然的力量——神。无论自然界还是人类社会，把发生的一切都归为是神的意志，是天意。于是，长期以来，人们的思维和行为都处于被动的逆来顺受的状态，思维模式主要受到“神本位”观念的支配。观念变化是行为变化的基础，正是大约400年以前，一些热衷观察和善于思考的“科学家”发现，自然界的变化有其自身的规律，并非是由超自然的神主宰。观念的变化催生了新的思维，导致近代科学的兴起，进而促进了技术革命和产业革命。

“神本位”观念在自然界的最典型体现就是中世纪的“地心说”。此说认为宇宙是神创造的，地球处于宇宙的中心，日月星辰都围绕着地球在转动。此时，本属于自然科学的“地心说”反而成为上帝存在、上帝造物的根据。“地心说”把地球作为宇宙的中心，也成为“君本

① 袁正光.科技知识简明读本[M].北京：改革出版社，2000.

位”的“理论基础”。在中国，统治百姓的君王被称为天子，是上天派来统治民众的。长期以来，人们逆来顺受，直至今天，还有不少人认为“人的命天注定”，所以他们动辄求神拜佛让自己有个好“八字”，让祖先保佑子孙后代福泽连绵。

但是，人类总是要进步的，随着观察的持续，人们不断发现新的事实，证明以前的认识存在错误，于是，开始修正错误的理论。大约在400年前，出现了一个敢于用自己的眼睛观察世界的巨人——哥白尼。他通过观察发现，不是太阳围绕地球转，而是地球绕着太阳转，于是，他建立了“日心说”新体系。由于“地心说”是当时社会普遍接受的理论，尤其是宗教统治的理论基础，哥白尼的发现，必定会动摇“地心说”的统治基础，也会受到来自教廷的各种力量的迫害，于是，哥白尼生前并没有发表他的论文。

其实，“地心说”和“日心说”是解释宇宙运动的两种模型，是人类认识宇宙的不同阶段的成果。在不同的模型解说下，形成不同的理论体系也是正常的现象，完全符合科学发展的基本规律。但错误的模型毕竟与现实有很大的出入，解释起来也牵强附会，甚至产生矛盾。新的发现更加接近实际，能够解决很多现实问题，也必然要代替旧的理论和模型，并得到更好的运用和发展。但是，科学规律发现的是自然现象，用于解释社会发展，并作为社会统治的理论，则必定动摇之前的统治基础，也一定会受到阻挠和打击。因此，这一历史事实也说明，科学发展到今天，也是历经磨难，经过千锤百炼的。

地心说是长期盛行于古代欧洲的宇宙学说。它最初由古希腊学者欧多克斯（“同心球”模型）提出，后经亚里士多德、托勒密进一步发展而逐渐建立和完善起来。

托勒密认为，地球处于宇宙中心静止不动。从地球向外，依次有月球、水星、金星、太阳、火星、木星和土星，在各自的圆轨道上绕地球运转。其中，行星的运动要比太阳、月球复杂些：行星在本轮上运动，而本轮又沿均轮绕地运行。在太阳、月球、行星之外，是镶嵌着所有恒星的天球——恒星天。再外面，是推动天体运动的原动天。

地心说是世界上第一个行星体系模型。尽管它把地球当作宇宙中心是错误的，然而它的历史功绩不应抹杀。地心说承认地球是球形的，并把行星从恒星中区别出来，着眼于探索和揭示行星的运动规律，这标志着人类对宇宙认识的一大进步。地心说最重要的成就是运用数学计算行星的运行，托勒密第一次提出“运行轨道”的概念，设计出了一个本轮均轮模型。按照这个模型，人们能够对行星的运动进行定量计算，推测行星所在的位置，这是一个了不起的创造。在一定时期里，依据这个模型可以预测天象，因而在生产实践中也发挥了一定的作用。

地心说中的本轮均轮模型，毕竟是托勒密根据有限的观察资料拼凑出来的，他通过人为地规定本轮、均轮的大小及行星运行速度，才使这个模型和实测结果“取得一致”。但是，到了中世纪后期，随着观察仪器的不断改进，行星位置和运动的测量越来越精确，观测到的行星实际位置同这个模型的计算结果的偏差，就逐渐显露出来了。

但是，信奉地心说的人们并没有认识到这是由于地心说本身的错误造成的，却用增加本轮的办法来补救地心说。当初这种办法还能勉强应付，后来小本轮增加到 80 多个，仍不能计算出行星令人满意的准确位置。这不得不使人怀疑地心说的正确性。到了 16 世纪，哥白尼在持“日心地动说”的古希腊先辈和同时代学者的基础上，终于创立了“日心说”。从此，地心说便逐渐退出了历史舞台。

简单地说，“地心说”就是以地球为宇宙的中心，“日心说”是以太阳为宇宙的中心。

无论如何，乌云遮不住太阳的光芒，真理总是要发光的。“日心说”推动了科学史上的一次伟大革命。这场革命开始于16世纪的哥白尼，完成于17世纪的牛顿。“日心说”的伟大意义在于，它告诉人们，自然界是有规律的，规律是可以被认识的。真相永远存在，只是认识需要不断深化。科学促进技术发展，技术反过来为科学发展提供工具帮助，促进新的发现，产生新的理论，科学与技术的相互促进，不断推动着真相的显露，并不断发展生产力，改变人们的观念，提高生产和生活水平。于是，一个崭新的科学世界观诞生了：规律意识和理性精神。从此，人类社会进入一个科学理性的发展阶段。

新的理论给同时代的知识分子以深刻的印象和强烈的共鸣。其深远意义在于，它并不仅仅停留在自然科学领域，而是以人类文化的方式，以巨大的力量注入了整个社会，引起一场人类文化观念的革命。于是，始于欧洲，新理论像一束耀眼的光芒，照亮了整个人类文明。文艺复兴、宗教改革、启蒙运动，一场接一场的社会变革在欧洲产生，并向全世界扩散，形成一个个科学中心和创新高地。新理论、新发现不断地拓展了人们的思维空间、探索视野，起初延伸了人的肢体、器官，并进一步扩展了人的大脑功能，随着智能化时代的到来，未来的人类生存空间已不仅仅局限于地球，人们的生活方式也不仅仅是现实看得见的世界，在可以预见的未来，人类的发展将是多维度、超现实和无空间约束的世界。

所有这一切，除了自然界的新发现以外，还得益于人类思维的革命。第一位先锋要算英国的约翰·洛克，他是牛顿的莫逆之交，深受科学世界观的影响，为牛顿力学所揭示的和谐宇宙体系所震撼。他以“规律意识和理性精神”观察社会，首先提出，自然界那样有规律，那样有秩序，而人类社会为什么却如此混乱？洛克对人类的历史与社会现象进行了深入的研究与观察。他发现，人类社会不是没有规律，而是规律没有被遵循。人类社会的规律之所以没有被遵循，是因为人们把社会建立在非理性的传统和习俗之上。这些陈规陋习来源于一直占统治地位的“神本位”思想。他认为，上帝就其定义而言是不可知的，怎么能把社会的治理建立在不可知的基础之上呢？他提出人才是社会的真正中心，人的利益是治理社会的唯一基础，人既不是为上帝活着，也不是为君王活着，而是为自身利益活着。任何政府的唯一宗旨就是保护人运用自己的智慧和劳动去创造财富的自由。如同哥白尼把错误的地心说改正过来，把上帝赶出了自然界，洛克则把“上帝中心说”颠倒过来，建立了“人是社会中心”的理论，把上帝赶出了人类政治社会。一时间，“人乃万物之本”、人的价值、人的尊严、人的力量、人的伟大，得到了社会的普遍认同。于是，人本身超越了民族、国家和社会制度，欧洲一些思想家提出了具有世界大同性质的地球公民概念，成为当今欧洲社会制度设置的基础概念[①]。

当然，这是从科学、从理性的角度，揭示了“人本位”还是“君本位”的观念。与此同时，一场伟大的文艺复兴运动，从文学艺术、从感性的角度，向社会广泛传播了人本位的文化。文理交融，以巨大的力量，把西方从一个被颠倒的世界颠倒过来，从非理性社会转向理性社会。

理性社会与非理性社会的本质区别在于对待人的态度，在于是“人本位”还是“君本位”，甚至是“神本位”。通俗而简单地说，所谓

---

① 安东尼·帕戈登.启蒙运动：为什么依然重要[M].王立慧，郑念等，译.上海：上海交通大学出版社，2017：22－23.

“人本位”，就是以人为本，以人民为中心；“君本位”则是以君主、皇帝、“天子”为中心，所谓“皇帝开金口”，君主具有至高无上的权威，广大人民成为奴役的对象；而神本位则一切听从神的旨意，其实就是宗教神学统治世界，教主具有绝对权威。在理性社会，人是社会的主人，人性得到充分肯定，人的利益受到充分尊重，人的创造性得以充分发挥，人的聪明才智得到充分解放。所以，近300年来，凡是进入理性社会的国家，科学发现层出不穷，技术进步日新月异，经济繁荣，政治民主，文化昌盛，社会迅速发展。在非理性的社会，人是君王的仆人，人性被扭曲，人的利益被否定，人的创造性受到严重压抑，人的聪明才智被牢牢地束缚。所以，非理性社会一般与重大的科学发现和重大的技术发明无缘，经济困难重重，政治腐败成风，文化难出精品。

文艺复兴使欧洲人从以神为中心进步到以人为中心，导致人本思想的产生。洛克、培根等人则奠定了“人本文化”的哲学基础，揭示了人类社会运行的基本原理。从此，人类社会进入“人本位”原理的奠基阶段，伏尔泰、孟德斯鸠、卢梭等人构筑了理性的政治、市场经济和多元文化新体制。“人本思想”引发了英国光荣革命、法国大革命，成为欧洲18世纪启蒙运动的先驱。欧洲的启蒙运动为社会思想革命提供了理论基础，成为欧洲乃至全球社会革命的思想武器，为人类思想解放奠定了科学基础，同时为现代科学的诞生和快速发展提供了思想基础和人才储备，从此，世界历史和人类历史翻开了崭新的一页。

16. 借双慧眼看世界

“日心说”让人们看到了宇宙世界的一幅精美图画，很好地解释了日出日落、四季轮替、海洋潮汐等自然现象，也为实证者提供了观测和实验的信心。从而，源于古希腊的理性精神和人文主义开始复归。理性复归导致新科学的出现，给知识分子以深刻的印象和强烈的共鸣。自然界如此之美——有规律，有秩序，这与人类社会形成鲜明对比，于是知识分子在开始反思和探索，他们认为，人类社会存在周而复始的动乱兴衰，重要原因是不同群体、不同地区、不同教派存在利益之争、主义之争、地盘之争，因此，一些思想先进的知识分子提出大同、天下为公、和谐发展、地球公民等概念。一些社会科学家提出了治理社会的新理念、新理论，于是科学的理论开始诞生，人类社会开始朝着民主、法治、自由、平等的方向发展，建立新秩序成为那个时代知识分子的一大主题和神圣的使命。

第一个用科学世界观去观察、研究社会的知识分子是约翰·洛克。后人从他的"人是社会中心"的观点出发，发动了一场思想领域的真正革命。第二个用科学世界观来研究社会的知识分子当属亚当·斯密。亚当·斯密是英国古典政治经济学的创始人，英国古典政治经济学是马克思主义三个来源之一。正如经济学诺贝尔奖获得者萨缪尔森所指出的那样："亚当·斯密最伟大的贡献是他在经济学的社会世界中抓住了牛顿在天空的物质世界中所观察到的东西，即自行调节的自然秩序。"

亚当·斯密也决计要探讨和恢复人类经济活动中的自然秩序。他认为，只有"自然秩序"才是符合人的天性的、符合客观规律的正常秩序。亚当·斯密认识到，人的行为都是受到自身利益的支配，追求财富就是其中的一种表现。亚当·斯密的基本思想可以简单概括为：每个生产者都是为自己的利益而生产的，但是由于他们对自身利益的研究以及受社会上一只"看不见的手"的调节，又自然或者必然会选择最有利于社会利益的生产。这只“看不见的手”用现在的话来说，就是市场调节机制，一个经济运行的自我调节机制。亚当·斯密认为，建立在个人利益基础上的这种经济生活中的自然秩序，具有自动调节的功能，人们在追求自我利益的激烈竞争中，自动实现了稀有资源的合理配置和社会劳动的合理分工，而且这种配置的效率高于人为安排，使整个社会处于有序的发展之中，也给参与者带来了巨大的好处与利益。亚当·斯密辛辣地写道：“我从来没有听说过，那些假装为公众幸福而经营贸易的人做了多少好事。事实上，这种装模作样的神态在商人中间并不普遍，用不着多费口舌去劝阻他们。”

就像牛顿研究自然世界物体运动规律而发现了 $F=ma$ ，亚当·斯密则在研究经济运行时，发现了社会经济运动中的 $F=ma$，即 $S \subseteqq D$ 。市场机制的规律之于社会经济生活，就像牛顿的 $F=ma$ 之于物质世界一样，是人的主观性难以抗拒、无法超越的自然法则。正如牛顿奠定了现代自然科学的基础，约翰·洛克奠定了现代政治学基础，亚当·斯密也以此奠定了现代经济学基础，使得近代资本主义世界在短期内创造出的财富比人类过去数千年内所创造的总和还高出几百倍、数千倍，生产力与社会财富都得到了极大的发展。甚至在今日，亚当·斯密所阐明的市场机制，仍然是人类经济生活的基本规律之一。无论是政府还是商品生产者，只要违背了这一规律，最终只能是自食其果。

我们看到，无论就理论本身而言还是就发展实践而言，经济学都是精美的，就像牛顿力学反映了客观物质世界的规律一样，经济学也根据经济发展的客观事实，不断地描述和表达了经济运行中的客观规律。从中我们可以得到这样的启示：

(1) 真实的才是美好的。任何真正的科学，无论是自然科学还是社会科学，都必须建立在坚实的客观现实的基础之上，任何科学理论与学说都必须以事实为依据，否则它就不配被冠以“科学”二字。

（2）规律的力量是强大的。自然科学不仅作为人类认识自然的武器和改造自然的工具，直接为我们带来了物质世界的繁荣、生活的舒适、行动的方便，而且其所包含的世界观及其求真、求是、求实的理性精神与方法，为我们在社会中建立非物质方面的“自然秩序”奠定了坚实的基础。按照哲学的思维方式，人类社会处于自然之中，社会、自然同属于一个有机的整体，因此，当我们采用自然科学的世界观与方法论去客观地观察与研究社会生活的各个方面时，就可能得到真知、获得真理。更为重要的是，当这些真知与真理经过披荆斩棘的历程，获得社会的认同，成为大多数社会成员的常识时，我们的社会就可能建立起真正的“自然秩序”，沿着理性的道路前进。

（3）科学精神是现代文明的核心构件。从非理性社会到理性社会是人类文明史的伟大转折，是科学精神诞生的标志。这一转折的起点应该归功于“日心说”的创立。“日心说”的创立者及维护者们——哥白尼、布鲁诺、伽利略……，他们为把人类带入一个理性社会，以自己的生命为代价，冲破了中世纪的黑暗，迎来了充满科学精神的光明世界。

科学理性的表现是运用科学方法和原理进行个人决策，在公共事务中不盲从，在本职工作中用科学素养和技能提高工作效率，能够多角度审视社会现象和存在的问题等。

自从科学精神来到这个世界，自然界和人类社会的一系列运动规律就逐渐地被揭示了出来。在自然科学领域，牛顿建立了完美的物理学大厦，爱因斯坦开辟了太空发展的道路；在社会科学领域，亚当·斯密揭示了社会发展的利益机制，马克思则揭示了人类发展的一般规律；在文化艺术领域，达·芬奇、莎士比亚、贝多芬……一批精英脱颖而出，新成果层出不穷……

理性社会与非理性社会的根本区别就在于是否具备科学精神，在于如何对待客观存在，更进一步地在于对人的态度。在理性社会，人是社会的主人，人性得到充分肯定，人的利益受到充分尊重，人的创造性得以充分发挥，人的聪明才智得到高度解放。尚未进入理性社会的国家，人的素质得不到根本改善，与重大的科学发现和技术发明无缘，社会经济发展十分缓慢。

不具备科学精神的民族是没有出路的，不具备科学精神的团体是没有竞争力的，不具备科学精神的个人与科学发现无缘。科学精神和理性思想是进入科学前沿的钥匙，是社会文明的基石，是文化昌盛的沃土，是经济发展的动力。虽然有了科学精神不一定就能解决所有问题，但不具备科学精神，就一定不会是科学的宠儿。

17. 透过现象看本质

从科学的角度看，文艺复兴以后，最显著的特征是实验科学的兴起以及注重实证的科学精神得到认可和推广。实证的重要手段之一就是通过观察寻找和发现事物的本质。观察是人们认识外界事物的基本方法，指通过人的视觉器官对外界事物和现象进行仔细探究，以了解真相，发现规律。观察方法是科学研究的基本方法之一，可以获取直接经验事实，通过思维加工，形成科学认识。但自然界并不总是以本来面目示人，尤其是针对一些社会现象，人的行为和言论，更难以辨别真假。因此，善于观察的人还要通过一系列的思维加工，尤其运用多角度审视、全方位评估的思维，才能做到去粗存精、去伪存真，发现事物的本质。这是科学工作者与一般人的“眼见为实”最重要的差别。观察方法也是最悠久的认知方法，通过长期观察，可以发现事物发展变化的规律，形成真实的认知，并代代传承，创造人类不同的文明形态。早在古埃及时期，人们通过观察发现，在尼罗河地区，每当看到天狼星与太阳同时在地平面上升起时，尼罗河的汛期就来到了，于是，他们把这一天定为一年之始。我国很早就有对行星的观测记录，长沙马王堆出土的帛书《五星占》记载了自公元前 246 年至公元前 117 年间的土、木、金星的位置表及它们在一个汇合周期内的动态表。能工巧匠鲁班观察到草叶两边锋利的齿可以划破皮肤，从而很受启发，创造出第一把锯。

随着科技发展，人们逐步认识到事物的质和量的关系。因此，仅做定性的观察已远远不够，还要有定量的描述，并将二者结合起来。通过量来反映质，通过概率进行规律性认识。早期的观察，“仰望天空”是重要的方向，但对天体运动缺乏量的描述。到了近代，由于观察了天体运动中量的变化，逐渐发现规律性的变化，于是发现了开普勒三定律和牛顿的万有引力定律。伽利略对观察方法作出了划时代的贡献，他十分重视定量观察方法，在天文学上的成就很大程度上依赖于此。比如，哥白尼从关于地球周年运动的假说推论了一些关于恒星的现象，伽利略观察到了这些现象并用哥白尼的假说加以解释，从而证实了哥白尼的推论。中国古代药物学家李时珍为写《本草纲目》走遍名山大川，采集了大量的标本，不仅进行了观察研究，还用自身进行试验，尝试药性，通过毕生的积累而取得后世敬仰的成就；生物学家达尔文从 1830 年踏上军舰就开始了他的科学考察生涯，观察途经岛屿物种以及岸边形态的变化，通过严密的逻辑分析和观察考证，孜孜不倦地搜集各种珍贵的动植物标本，挖掘古生物化石，观察研究动物遗骸，历经 27 年，写出了《物种起源》这一巨著，成为 19 世纪最伟大的成就之一。

对自然现象的定性定量观察方法能够描述自然界的本来面貌，虽然操作简单方便，但不易使观察对象重复出现，不容易获得很好的观察研究对象。为了跟上科技进步的脚步，科研工作者越来越多地运用控制观察。它不仅具有可重复性，还排除了外界干扰，突出了观察对象的主要特点，有利于观察者抓住反映研究对象的本质现象。除此之外，直接观察、间接观察、实验观察、系统观察、随机观察等在科学观察中成为重要的研究方法。因此，人们的观察活动不再只停留在随意性的感观上，而是进行带有目的性的有设计的观察研究，更多情况下，把观察"搬进"实验室，并借助技术工具进行系统的观察。比如人的眼睛只能看到一定波长的可见光，对其他波长的光视而不见；人们无法对微观世界进行深入了解，也不能对广袤的宇宙做充分的认识。为了克服感官的局限性，用肉眼观察便发展到了仪器观察，借助于望远镜、显微镜、电磁仪器等工具进行观察。

借助仪器进行观察研究的例子很多，这是近代科学快速发展的重要原因之一。1644 年，胡克用显微镜观察了植物化石的切片。他在提到这种材料时说，它酷似活着的植物，因为它具有明显的小孔。他还观察了活的树木的切片标本，他写道："这种小孔充满着植物的自然的或固有的液体。"此后不久，他发表了一篇颇为著名的著作《关于软木的组合或组织》，叙述了他在显微镜下观察到的软木中的细胞的躯壳。他写道："软木的细胞是我过去从未观察到的小孔，还可能是过去未被别人所见到的，因为我没有见过任何一位作者曾经注意过它。"正是由于通过显微镜，做了细致入微地观察，胡克才发现了"酷似蜂房"的细胞。1977 年 3 月，人们发现天王星的"闪烁"现象，这种闪烁是由天王星环造成的，在随后的几年，天文学家共辨认出 9 条光环，这些环都很窄，一般不足 10 千米，其中一条最宽的环，约 100 千米。国际天文界称它是自 1930 年发现冥王星以来的 50 年间太阳系天文学的重大发现[①]。

借助科学仪器进行观察使人们的观察能力产生了质的飞跃。随着观察仪器和技术的进步，科学家从 18 世纪前只能观察到太阳系，近代可观察到总星系，发展到今天凭借射电天文望远镜的帮助，已能观察到距离我们 200 亿光年以上的极其遥远的星体。与 18 世纪以前相比，人们观察到的范围已扩大了 10 万亿倍。射电天文望远镜能接收、显示、分析空间无线电波，全天候地工作，能接收到宇宙大爆炸尘埃的天体辐射。1964 年彭齐亚斯和威尔逊用射电望远镜发现了 3.5 K 的宇宙微波背景辐射。1967 年英国休伊什和乔斯林·贝尔发现了来自太空的射电爆发源——脉冲星，也就是中子星。1968 年美国的汤斯等人在银河中心区发现了氨和水分子的普线，说明了星际间存在着有机物质。同时，先进的电子显微镜也使人们的视野不断向微观世界的纵深发展：科学家可以观察到大分子的内部结构和单个原子的图像。在电子显微镜下，还可看到许多奇妙的微观世界。

而今，人们可以把观察仪器，甚至观察者送到外层空间，以避开大气层的阻碍，直接去“体会”天体。而对地表的观察可以通过人造卫星和航天飞机进行遥感遥测，对资源调查、大地构造、地球气象等取得了整体的观察效果。总之，观察仪器的逐渐现代化，开阔了人们的视野，使观察这一古老的方法旧貌换新颜。

随着 FAST 超大望远镜的建成和使用，我国已经成为全世界最

---

① 随着探测的不断深入，1986 年 1 月 24 日，“旅行者”2 号在探测天王星时不但证实了这些环的存在，还发现了两条新环，使我们所知的王天星环达到十一条。

大的天文观测国家,FAST超大望远镜投入使用以来已经取得了重大成就。正如《人民日报》所报道的:

> 全球最大且最灵敏的射电望远镜,"天眼"工程圆满收官,意味着中国重大科技基础设施进一步完善,人类探索未知宇宙有了更深邃视角。"天眼"的成功,体现中国智慧、中国技术、中国力量,更彰显中国担当。
>
> 对世界科技界来说,"天眼"提供了探索宇宙所需的研究工具。"重大突破,仪器先行",从宇宙星辰,到基本粒子,人类的科学发现与技术创新越来越离不开"高大上"的科研仪器。天文学界通常认为,宇宙中只有不到1%是人类能看见的发光物质。科学家们常常通过射电望远镜来提升观测宇宙的能力。在此方面,"天眼"的灵敏度是全球第二大单口径射电望远镜的2.5倍以上,其高灵敏度很可能帮助科学家在低频引力波探测、快速射电暴起源、星际分子等前沿方向取得突破。
>
> 对世界工程界来说,"天眼"丰富了超级工程的创新实践。由4450个反射单元构成的反射面、由6根钢索控制的馈源舱重达30吨、500米的尺度上测量角度精确到8角秒、将卫星数据接收能力提高100倍……"天眼"的非凡之处俯拾皆是。世界上没有坐享其成的好事。"天眼"这样举世瞩目的超级工程,凝聚着中国人的聪明才智,浸透着中国人的辛勤汗水。正是中国特色社会主义"集中力量办大事"的制度优势,让高质量发展所需的重大科技基础设施圆满落地。可以说,"天眼"的成功再一次向世界贡献了中国的发展经验。
>
> 对世界未来来说,"天眼"成了构建人类命运共同体的注脚。

面对浩瀚的宇宙、未知的世界以及科技的潜能，人类是利益共同体、责任共同体、命运共同体。“天眼”从一诞生，就肩负全球使命。从开工建设到国家验收的短短9年间，“天眼”产生论文300余篇，发现脉冲星优质候选体146颗，在国际甚长基线干涉测量中发挥了重要作用……“天眼”这座伟大的工程，是中华文明贡献给世界的又一个珍贵礼物。

18. 有用的逻辑思维

逻辑思维是科学研究和日常生活中判断、处理问题的重要方法，也是最基本的科学思维形式。它是指按照逻辑规则、规律，根据事实材料和事物之间的联系，通过分析，形成概念，作出判断，进行推理的过程。逻辑推理的过程，包括对事物进行定义，使概念明确；对概念所组成的命题、命题与命题之间的关系进行推理的方法；对复杂命题的论证方法等。我们在日常生活中经常要运用逻辑推理的方法，对一些事物进行分析和判断，如比较、分析、综合、抽象、概括、定义、演绎和归纳等方法。

人们在认识过程中借助于概念、判断、推理等思维形式能动地反映客观现实的理性认识过程，即是逻辑思维的过程。它是通过对认识的思维及其结构以及起作用的规律的分析而产生和发展起来的。经过逻辑思维，人们对具体对象本质规定加以把握，进而认识客观世界。它是人的认识的高级阶段，即理性认识阶段。

运用逻辑方法对已有的判断和概念进行适当的整理，比如进行对比、分解、组合、推论，就可能得出新的更深刻的知识和概念体系。广义上说，一切逻辑思维的形式、规律、规则和方法都是逻辑的方法，其中又有辩证逻辑、形式逻辑等。但不管什么样的逻辑，只有当逻辑推理的结果与实际相符才是正确的，只有能够指导社会实践的逻辑方法才是科学的、有效的方法。逻辑思维活动过程包含丰富的内容，它可分解为认识过程、交流过程、记忆过程、决策过程。其中认识过程往往要经过逻辑思维的各个环节才能实现。在所有逻辑推理的形式中，归纳和演绎方法最早引起人们的注意与研究。古希腊哲学家亚里士多德系统地研究了演绎与推理的形式，提出了三段论理论。17 世纪后，随着试验科学的发展，英国哲学家培根研究了归纳推理。此后，德国的莱布尼兹试图用科学的方法研究演绎逻辑，开拓了数理逻辑发展的道路。

逻辑思维要遵循逻辑规律，这主要是形式逻辑的同一律、矛盾律、排中律，辩证逻辑的对立统一、质量互变、否定之否定等规律，违背这些规律，思维就会发生偷换概念、偷换论题、自相矛盾、形而上学等逻辑错误，认识就是混乱和错误的。日常生活中，我们可以用这些基本的规律来辨别一些说法，尤其是在应对一些虚假的现象如伪科学和超自然现象方面能够产生很好的效果。比如，一些说法具有特异功能甚至某种预测能力的人，到处招摇撞骗，人们一不小心就会上当，但我们只要用一些简单的逻辑，就能揭示其欺骗的伎俩，并避免上当受骗。如对待那些成天号称自己能够准确预测股票走势的"专家"，我们可以这样想，既然他们有如此大的本领，为什么不自己用来赚钱，难道他是活菩萨吗？对于一些伪科学的理论，我们也可以用简单的逻辑加以识破，如"满月理论"，其逻辑就是：月球对海洋具有引力，引力对潮汐具有影响；人体的百分之七十是水，因此，月球对人体产生影响；月球的大小形状会影响人体，使人的情绪发生变化，容易出现交通事故等灾害事件。但稍微具备科学知识的人都知道，月球的形状并未发生改变，也不会引起人体产生"潮汐"现象。

逻辑思维是我们最常用的思考方法，但现实中却常常被错误运用而不自知。主要原因就是逻辑思维存在盲点，稍不小心就会被引到错误的方向，而得出荒谬的结论。逻辑思维需要被正确运用，需要在一定的条件下，才能得到正确的结论。

从最简单的演绎法和归纳法来看，演绎必须有大前提、小前提和结论，只有大前提和小前提都正确，才能确保结论正确；而归纳在大多数情况下是一种概率推理，由于很难穷尽个别，故所谓的一般或共性也是有条件的。而就演绎和归纳相互之间的关系看，演绎需以归纳为基础，归纳需要演绎来证明。由于两者都存在缺陷，而逻辑方法又是科学研究所常用的方法，故经常被一些人利用来进行欺骗性游说，或进行欺诈性的活动。

以演绎推理为例，首先，前提必须正确。前提正确的条件是：基于事实了解推理的对象，一般是物质世界的现象。比如基于上帝存在的各种学问、信仰，如果忽视前提，或者前提不可证伪，那么，在这个基础上形成的一系列学说、理论、推论，则都是错误的，无论听起来多么合理，都是骗人的！自圆其说不一定是事实，不一定是好理论，谎言也有逻辑，也追求自圆其说，但不是事实。暂时无法判断真伪或者没有经受检验的"理论"，不要轻易相信，可以保持怀疑，推迟下结论，以待证实或证伪。眼见也不一定为实，我们看到的魔术表演都是亲眼所见，但那只是表演，区别只在于魔术师承认是表演，既不能无中生有，也不能凭空消失。并且由于演绎需以归纳为基础，而归纳本身存在"先天"缺陷，故难保演绎的前提正确。

其次是过程相关。也就是推论的两个问题或现象确实存在强相关性，如"潮汐是月球引力造成的，潮汐的原因是地球上的海洋受到月球引力的作用；人体的70%是水，月球同样对人体有引力作用，月球的圆缺等周期性变化对人体会产生影响，所以满月时容易出现各种神奇现象是一定的”。这个推论看起来是天衣无缝的，然而却是错误的。原因是忽视了过程中的相关性，这种相关性可以分为强相关、弱相关和无相关。本例中的引力作用虽然构成相关性，但地球与月球之间，由于其质量在“同一个数量级”上，构成了相互作用的条件或前提，用于现象解释、描述、推理可能是正确的，但月球和人体之间由于质量相差悬殊，则不构成相互作用的关系。现实中，很多人都会在这方面犯错误，很多专家甚至到处作报告，传播一些错误的逻辑结果。比如，很多健康、医学讲座，很多科普讲座，就是不了解逻辑思维的盲点而犯了无心错误（不排除有的专家是哗众取宠）。所以有人说“离开剂量谈营养或毒性都是耍流氓”。最近又有人说，所有的保健品都是骗人的，都没有作用。这个说法也是偏执的，没有基于具体定量的相关性分析或科学评估。这种情况不是个别现象，一些骗子也经常利用逻辑思维的这些盲点，欺骗那些没有思考深度的人，许多人也就轻而易举地上当受骗。例如，有的骗子声称自己能进入灵界和冥界，因此知道一些普通人不知道的事情。而所谓的灵界或冥界都是那些活着的人没有经历过的领域，无论骗子怎么描述，人们都无法求证，很多人便抱着“宁可信其有”“不怕一万就怕万一”的想法，“心甘情愿”被骗，掏钱买平安求解脱，这是大多数人被骗的原因，也是骗子惯用的伎俩。有时连科学家也难以避免，科学界也时常有人研究灵界，甚至用最新的科学发现来解释灵界的现象，弄出一些玄而又玄的东西来，但除了耗费大量时间和金钱以外，没有得到有意义的结果，并且历史将最终证明，他们的作为最多只能证明其想象力丰富而已。

再次，推论符合逻辑。很多人运用的逻辑是神逻辑、强盗逻辑，甚至是流氓逻辑，得到的结论虽然貌似有理，却不一定是正确的，有时甚至会得到错误或灾难的结果。比如“龙生龙凤生凤，老鼠生儿会打洞”，这样的“血统论”导致社会不公，剥夺了普通人的生存权利，容易造成一些灾难性的后果。如灭绝人性的种族清洗，对所谓“血统不纯”的人进行的残酷无情的斗争和打击等，都是这种强盗逻辑的表现。

可见，逻辑思维有盲点甚至盲区，不一定保证结论正确。逻辑方法需要被正确运用才能得到正确的结论。从逻辑本身看，偏离正念的逻辑还有可能导致灾难发生。逻辑思维的正确运用需要基于科学素养，即一定的科学知识、科学方法和科学精神，否则只能把推论的前提基于虚无缥缈的神学、玄学、虚幻的基础上，这样，无论听起来多么合理、有理，也不可能得到正确而有益的结论。因此对这个世界的贡献不是看做了多少事，而是看做对了多少事，做了多少好事，做了多少对别人有益的事！科学研究就像揭开潘多拉的盒子，有些盒子我们应该考量要不要去揭开，否则，有可能把为害人类及其生存环境的魔鬼给放出来，给人类带来一个掘墓者……

19. 简便的科学方法

归纳和演绎是普通逻辑的基本形式，是两种不同的推理和认识现实的科学方法。所谓归纳推理就是，从观察和实验得来的大量个别事实，推出一般性理论的方法，即由特殊推到一般。它要求人们从对特殊现象的研究出发，以一般的原理为指导，找出其特殊的本质，进而做进一步的补充，丰富和发展这种共同的本质认识。归纳推理分为完全归纳法和不完全归纳法，后者又分为简单枚举归纳法和科学归纳法。

归纳推理在科学研究上得到广泛运用，取得了一系列的发现成果，如门捷列夫归纳概括出了化学元素周期律，波耶尔通过实验归纳出了气体压强、体积和温度的关系定律，达尔文通过考察植物种类和性状归纳出了进化论，还有电磁相互作用的法拉第定律，以及金属的热胀冷缩定律等都是归纳推理的结果。在日常生活中，人们同样可以运用归纳法来认识一系列的现象，并透过现象看本质，避免上当受骗。如某人经常吹大牛，无所不能，你可以用几件事情观察其真实本领，如果都能高质量完成，那么你就可以推断出"这个人能力强"的结论。如果某人总是说话不算话，约会总是不守时，而且总是不守信用，那么你就可以推断，这个人不守信、不诚实等。这样，在与其交往时，就要十分注意。如果是一般关系，就保持距离；如果是同事和朋友，那么就不要把非常重要的事情交给他办。

通俗地理解，归纳就是发现事物的规律和本质，是理论研究的最基本、最简单的方法，在研究上可以用这种方法概括出一般性的理论；在实际生活中，可以正确认识事物的本质。完全归纳法需要考察所有的对象个体，一般难以做到，效率也不高；简单归纳虽然准确性难以保证，容易出现错误，但用于处理日常事务也完全够用。

一般来说，归纳与观察联系比较紧密，或者与调查技术和调查深度关系密切，而观察结果与观察技术和手段关系密切，所以，尤其是在科学研究中进行归纳时，拥有先进的观察技术，往往容易观察到真相。众所周知，人类第一次发现细胞到现在已有三百多年的历史，细胞的发现所依据的是观察工具的改进，即高倍显微镜的发明。随着显微镜的出现，人们有了观察肉眼所见不到的微小物体的可能性。在显微技术较低的阶段，科学家们只能用归纳法提出小球假设，在显微技术较高的时期，他们才可能归纳提出科学的细胞学说。细胞学说是19世纪最伟大的科学进步。

细胞学说的中心内容是：一切动植物都以细胞作为其结构的基本单位。虽然这一学说并非建立在对细胞形态的全面认识基础之上，但它无损于细胞学说的光辉。在人与人的交往过程中，虽然也存在假象、表面现象，会影响归纳的准确性，但掌握一些基本的科学思维方法总是有益的，能够帮助解决很多现实问题。并且在运用过程中，可以不断提高归纳的技术，配合观察对象的身体语言、表情、语气等，结合自己的经验，进行综合判断，往往能够有效提高准确性和效率。

从特殊典型的实例推广到一般的过程，需要人们从某些特殊现象出发，将其中的共性加以抽象、概括、总结、归纳，使之适用于一般事物。本着这一思想，才能避免被纷繁的表面现象所蒙蔽而走入误区。与"归纳推理"相对应的是演绎推理，所谓演绎推理就是从一般知识和前提中推出未知的个别事实结论的推理方法，即从一般到特殊。其实，在认识过程中归纳与演绎是相互联系、相互补充的。演绎所依据的理由，正是来自对特殊事物的归纳和概括，归纳的结论是演绎的前提。最简单也是最常用的演绎推理包括三段论：大前提、小前提、结论。如"人都会死，张三是人，张三也会死"就是典型的三段论简单推理判断。最常用的演绎推理还有关系推理、假言推理和选言推理。

许多人曾为欧几里得几何学的庄严、宏伟和富于内涵所震撼，他的推理明确严谨，论断深远清晰，这些成就无不经过演绎而得来。海王星的发现，是人类集体智慧的结晶，它显示了数学演绎法的强大威力。1781年发现天王星后，人们发现它的位置总是与根据万有引力定律计算出的不吻合。于是有人开始怀疑此定律的正确性；但也有人认为这很可能是受到另一颗未知行星的引力干扰。于是科学家开始寻找这颗未知星，1841年，年仅23岁的剑桥学生亚当斯承担了这次任务。他利用万有引力定律和对天王星的观察资料，反过来推算这颗未知行星的轨道，两年后，也就是1843年秋，他把计算结果寄给格林尼治天文台台长艾利，一向保守的艾利对此置之不理。直到1845年，另一位法国青年勒威耶在从事这一研究后，把结果告诉了柏林天文台助理卡勒，并于1846年9月23日晚，在勒威耶所预言的位置上发现了海王星，一度“养在深宫人未识”的太阳系的第八大行星才露出了“真面目”。[①]

严密、准确、透彻的演绎思维往往可以导致惊人结果。它在数学中的应用，更使它闪耀出智慧的光芒。人们大多听说过“哥德巴赫猜想”，即在一切正整数中，素数（即只能被1与自身所整除的正整数）是最基本的因子，其他正整数可以分解为素数的乘积。于是，1742年德国人哥德巴赫在信中问欧勒：“一切偶数能分解为两个素数的和吗？”对于常见的偶数，答案是肯定的，比如：4 = 2 + 2，8 = 3 + 5，6 = 3 + 3等，困难在于“一切”二字。这个问题在以后的230年间一直悬而未决。我国数学家陈景润在艰苦的条件下证明“1 + 2”，获得了成功，把它的解决向前推进一步。他证明了：大偶数表示为一个素数及一个不超过二个素数的乘积之和。

归纳与演绎是认识事物相辅相成和密不可分的两种推理方法。通过归纳法和演绎法获得科学发现的实例不胜枚举，正确地使用归纳推理和演绎推理可以导出影响深远的结果。

自然界常以假象呈现在我们眼前，人类社会也充满变数，我们不

---

① 袁正光.当代科学知识简明读本[M].北京：改革出版社，2000年，第188页。

可能经历所有的事情，很多结果也不能亲自尝试，只能通过间接经验来学习知识，并通过已有的知识、技术、方法进行推理、判断和决策，逻辑的方法就是最基本可靠的判断方法。因此，掌握一些逻辑方法对于我们正确认识和了解世界，具有十分重要的意义。

20. 常用的科学方法

实验的方法是研究变量之间相互作用关系的有效方法，是科学研究中最常用的方法，尤其是在自然科学和技术领域，实验的方法是求证和发现事物之间存在的联系和发生、发展规律的可靠方法。这种方法的最大优点是，研究者不仅能发现事物之间的相互关系，更重要的是，这种方法所得出的结论、发现的规律比较可靠，具有可重复性、可检验性，对于所研究的对象具有明确的边界，能够使得事物在相同或相似条件下重复表现。

一般来说，实验方法包括三个基本的要素：自变量和因变量；实验组和对照组；前测与后测。随着社会经济的发展，实验法不仅是科学研究工作者运用的基本方法，一般公众也可以运用实验法来获取真相，作出科学的判断和决策。实验法的核心是设计情景，改变变量，观察变化，发现问题，得出结论。当然，与科学研究不同，日常生活中的实验要求往往没有科学实验的要求严格。在科学研究中，一般需要严格地确立变量之间的关系，通过数量或刺激改变，来考察因变量的变化，从而归纳推理出结论。而在日常生活中，我们常常会用一些语言、物质等刺激手段，以观察对象的变化和反映，通过“察其言，观其行”来判断一个人的真实想法，或测评其基本的素质和知识水平。

实验法的优点是：①实验是建立事物或现象之间因果关系的最

好方法。实验者可以根据需要引入变量，观察变量所引起的变化，从而找出自变量和因变量之间的因果关系；更精确的实验还可以建立自变量和因变量之间的数量关系，建立函数关系式。因此是定量研究的重要方法。②在实验中可以较为有效地控制实验的环境条件，从而可以减少由于外界环境的干扰而导致错误的机会。在实验中，可以用较为精密的仪器、测量工具，对所要研究的对象进行度量、观察，并作出细致的记录，因此所得到的结果也比较准确。③实验研究通常是纵向的，尽管时间可能很短，但提供了纵向分析研究事物或现象变化过程的机会。研究者通常可以观察、收集一段时间的资料，在多个时间间隔中进行同一事物的测定，这比横剖面式的研究方法更能分析事物或现象的变化和发展。

实验法的缺点是：①实验法无法完全复制出自然界中的环境作为研究的边界条件，因而其研究的结论也往往带有一定的边界限制；同时，有些自然环境的条件无法在实验室中重现，比如宇宙中宏观尺度范围所发生的现象，如社会暴乱等社会问题就很难在实验室中加以模拟（随着电脑技术的发展，可以采取模拟的办法，进行虚拟实验，并计算结果）。②在实验中往往会产生实验者效应，即实验者的期望会影响实验的结果。③实验法会受到样本容量的限制。实验法只能在小样本的情况下进行，样本太大就难以控制变量之间的变化。

实验法又分为实验室实验和实地实验两种形式。实验室实验也称标准实验，是通过人为控制或改变某些条件，观察某些事物和现象之间的因果关系的方法。如学校教学中的实验，精密的课题研究，大多在实验室进行。实地实验是在接近自然、现实的生活环境条件中，由研究人员有目的地创设或控制一定的条件，以引起某种变化，并观察分析其中的原因、发生变化的规律等而展开的研究。如涉及大气、育种、生产实验，大多在野外实地进行。两种方法的区别在于实验要求和环境条件不同，一般来说，某些社会现象发生发展的环境条件比较复杂，难以在实验室中进行模拟，采取实地实验或调查的效果比较好。而对于那些自然科学中的微观研究，比如物理、化学实验则在实验室中容易得到准确的结果，尤其是涉及分子、原子水平的研究，更需要相应的仪器才能进行实验。

21. 质能转化与守恒

恩格斯赞誉能量守恒与转化定律是自然界最伟大的运动基本定律，这个定律来源于人类长期的生产斗争和科学实验。人类社会与自然界一样，无论处于什么发展阶段，也无论是什么样的社会形态，都需要遵循基本的运动规律。

在自然界中，一切物质运动，无论是有生命物质，还是无生命物质，其荣枯兴衰、生老病死、分合湮灭，都遵循物质不灭定律。严格地说，物质不灭定律包括质量守恒定律、能量守恒定律、质能互换也就是质能守恒定律。通俗的说法是，自然界中物质的能量和质量，不会凭空增加，也不会凭空减少，最多只是进行不同物质形态的转化。比如，通过化学反应，一种物质可能转化为另一种物质，但总质量基本不变。自然界中存在各种能量，比如动能、势能、热能、电能、化学能、生物能等，一个物体所具有的能量形态可以发生变化，但总的能量不变。有时候感觉质量减少，是因为质量转化为能量，有时感觉质量增加，则是因为能量转化为质量，高速运动的物体，往往会产生质能互换。这就是著名的物质不灭或质能守恒定律。

质能守恒定律是唯一适合于宇宙时空和物质的根本定律，这不仅在牛顿经典力学中得到验证，而且在宏观和宇观世界中也发挥作用，物质不灭于是成为宇宙的根本法则。20 世纪初以来，科学家发现，静态的化学反应中，反应前后的总质量基本不变。但是，高速运动的物体，其质量相对于静止物体会变小。爱因斯坦相对论，为这一现象做了很好的解释，这就是著名的质能互换公式（$E=mc^2$，式中 E 为能量，m 为质量，c 为光速）。质量可以转化为能量，即高速运动物体的质量和能量是相互转化的，物体的质量随其运动速度而变化。质量概念的发展使质量守恒原理也有了新的发展，质量守恒和能量守恒两条定律通过质能关系合并为一条守恒定律，即质量和能量守恒定律。这从理论和实践上更加完美地解释了自然界物质变化的规律。

人类社会同样遵循这一基本规律，只不过会采取不同的表现形式。从经济学上讲，要有产出，需要先投入，这种投入与产出之间就是一种转化。但经济学与单纯的自然界中的投入产出又有所不同，自然界中的产出，如果不是人为干预，一般遵循的是自然循环，保持自然系统的平衡。只有人为干预，才能使其产出符合人们的需要。由于人们拿走了一部分产出，也就打破了自然界的平衡，需要人们投入一定的劳动、物质和能量。人的身体系统也一样，大多数情况下，身体需要大体上保持投入产出的平衡，需要输入物质和能量，才能补偿身体运动的消耗，才能使身体健康成长。所以，无论是自然系统、社会系统、人的身体系统，还是人、组织、社会、自然相互组成的大系统，都是物质、能量、信息等基本要素的运动。对于某个系统来说，投入产出效率高，系统就会成长；投入产出平衡，系统就保持平衡；投入小于产出，或者投入产出效率低，系统就可能萎缩。但是，人类社会与物理、化学等封闭系统不同，社会组织系统一般是开放系统，且人类具有主观能动性，一般会利用其他系统的能量和物质，为我们服务，达到人类自身的进化、成长和系统繁荣的目的。

在我们自身成长过程中，在我们与社会系统、他人、组织、自然的交往关系中，需要有这种平衡的认识和思维，这无疑是正确思维的表现。有了这种认识和思维，面对自身的失败，敢于正视，敢于从自身找原因。面对别人的成功，乐于表扬和鼓励，而不是嫉妒；也不会为了成功而不择手段。因为，他知道，自己成功是利用了社会资源，是个人付出了时间和精力，自己系统的产出效率高是自身的努力，不是神灵保佑。而自己失败，或者是因为自己没有下够工夫，或者投入没有产生预期效率，但这不等于就没有产出，也许会以别的形式产出成果，也许产出的成果与别的成果融合了，也许延迟了产出等。所以，记住物质不灭定律，天上掉馅饼，即使让你接着了，那也只是运气，不代表是你的系统产出的结果。

宇宙有大道，无论是自然界还是人类社会都要遵循，不以人的意志为转移。违背了这个大道，报复就会接踵而至。如果在自然界，其报复方式可能是生态灾难，可能是瘟疫横行，可能是种群灭绝；在社会，则会导致动荡、战争；在个人，则可能导致牢狱之灾、意外横祸。

22. 大数据让你无所遁形

信息技术进步给社会带来的影响是巨大而又全方位的。这种影响不仅体现在通信和计算能力的空前提升，而且体现在人们思维方式的巨大变化，由此推动人类社会进入机器文明的新时代。这个时代的特点是，机器会学习，会思考，会决策。它已经与人无异，在很多场合可以代替人，成为人的化身。技术派把这个时代叫作智能社会、信息社会、知识社会，我更乐于称其为机器时代。这是从人类社会与自然界共生维度来划分的。大家都知道,人类社会的发展历史上,已经经过了旧石器时代、新石器时代、青铜器时代、铁器时代,这些时代的划分主要以劳动工具作为维度,人类借助这些材料,制作工具,增强人类自身的力量,扩展人的器官功能和生存空间。那么,现代人类运用的材料和工具是什么呢?显然是机器。只不过这个时间段生产力水平比较高,发展比较快,可能还需要进一步划分为不同的小阶段。从社会历史的角度看,把这些小阶段称为一种社会形态并没有什么不妥。比如,机械化、电气化、信息化、知识化、智能化社会。但是,关键是结合人类的思维方式变化,结合反映社会真实情况,接近真实世界的程度来看,可能在机器时代的高级阶段,由于机器与人的高度雷同,可能导致人机替代,机器与人争夺控制权甚至争夺生存空间,则这个时代就具有不同于以往任何时代的特殊性,把它称为一个时代也更有利于我们把握实质,认识矛盾以正确对待和处理。

如果说以往时代人类只是简单地利用自然禀赋来制作工具,提升人的能力,那么,当今时代已经远远超过了工具理性,而进入一种价值和意识领域。其更主要的特征是引起了人们思维方式的变化,尤其是大数据与云计算的结合,不仅给人们认识事物带来极大的方便,促进科学研究手段的进步,同时,也将使你无所遁形,揭示你内心的秘密和行为的轨迹。智慧和思维差别给不同的人带来的影响远远超过身体器官差异,人类的思维分化所产生的鸿沟,将是任何时候都无法比拟的。处理这种鸿沟的成本将会更大。因为,如果之前的鸿沟可以用学习、教育、科普来填补,那么,这种思维和智慧鸿沟可能在有限的人生当中都难以弥补,这样就可能给人类造成难以想象的灾难性后果。

首先,如果机器人具有思考、学习和进化能力,那么在某些“坏人”的教唆下,它会不会成为社会的破坏力量,而且进化成人类无法控制的破坏力量,正如某些科幻电影中所呈现的那样?由此,其给他人、给社会造成的破坏将是难以估量的,因此,有必要对是否生产此类机器人进行评估,先立法后生产。这种立法当然不是对机器人立法,而是对科技研发进行伦理审查。具有一定破坏力的机器人,或者学习能力达到一定级别的机器人,不允许大规模开发和生产。在这方面,欧洲正在开展的“负责任研究和创新”值得我们借鉴。

其次,机器教人学坏。比如,由于我们处于大数据时代,而机器人的大脑是电脑芯片,其计算能力远远超过人脑,一旦联网,它就能依据关键词,对个人的网络行为进行全面搜索,甚至还能对一些隐私账号进行解密,这样,人们就面临着极大的风险。包括隐私风险、财产风险、交友风险等。再比如,在现实生活中,为了在竞争中取胜,可以把对手的检索关键词告诉电脑,电脑就可以通过检索,进行大数据追踪,通过收集计算,把竞争对手的情况告诉你,甚至这个人的一些优缺点、不良习惯、隐私等,都可以成为你攻击的对象,甚至还可以给你提供攻击或战胜对手的方案,帮助你决策,等等。所有这些,都会使我们陷入道德尴尬境地。

第三,从好的角度考虑,大数据为社会起到了监测作用。我们应该惧怕和敬畏大数据。因为大数据是一种客观记录,对特定人群的行为数据进行分析,就可以了解其偏好、需求特点,在生产和管理上进行精准施策;对于需要廉洁的人群,比如公务员、政府官员,就可以了解其是否腐败、贪污,是否失去了共产党员的信仰等,干部管理上就多了一件法宝或技术。在社会治安和维稳过程中,也可以运用大数据进行监测评估,并做出正确的决策;更为重要的是,它可以为社会科学的研究项目提供有效的数据信息，而不必再花费大量的资金进行抽样调查。

总之，技术是一把双刃剑，关键看使用者用来干什么，怎么使用。所以，从科学精神的角度看，靠人的自律来避免违法性，只是一个方面，而且并不是十分可靠的方面，还需要进行他律，需要法制先行，才能未雨绸缪。因此，对于未来的发展，我们丝毫不怀疑有很好很先进的技术不断被发明创造出来，在大众创业万众创新的时代，技术喷发只是时间问题，但正如上面所述，我们必须对技术这个工具加以管理，否则，其破坏力也是空前的。这就要求我们在管理上要有超前思维，甚至对于某些创新要加以限制，要做到负责任的创新。而这种负责任，不仅要对我们这个民族，还要对人类社会，甚至是我们生活的这个星球负责。

23. 真理简单而美好

无数科学发现证明，科学既是真的也是美的。不是吗？DNA双螺旋结构、苯环结构、太阳系行星运动的椭圆轨道、黄金分割、元素周期表、七色光等，还有一系列的方程式，无不包含着宇宙的奥秘和真理。同样，人类社会中凡是真的也会是美好的，比如一个诚字的内涵，其实很简单，就是真诚、善良、正义，只要体现真诚，就一定能够打动人心，所谓“诚能通神”，其实就是打动了人心。

真理既简单又美好，有时还掌握在少数人手里。在人类探索自然、建设社会的过程中，经常会遇到很多艰难曲折错综复杂的问题，我们只有透过现象把握本质，才能找到正确的解决路径。

在自然科学研究中，著名科学家或者科学史上成就巨大的科学家，无不以简单而朴素的真理揭示事物本质。牛顿的 $F=ma$ ，揭示了自然界物质运动的基本规律，真实地反映了质量、加速度和力的关系，从而为进一步分析更复杂的运动提供了基本的定律。爱因斯坦的 $E=mc^2$，进一步揭示了物质、速度和能量的转化关系，反映了宇宙时空变化的基本规律。在整个科学发展的历史中，像 $F=ma$ 和 $E=mc^2$ 这样简洁而又深刻地揭示自然规律的研究成果，才是真正反映宇宙本质规律的真理。所以，爱因斯坦说，科学都是简洁的，不需要复杂的描述。

尼尔斯・玻尔（Niels Bohr）很喜欢互补性这个概念。他的互补原理来自维尔纳・海森堡（Werner Heisenberg）提出的测不准原理——对微观粒子位置和速度的测量结果的误差的乘积不可能无限小。沃尔夫冈・泡利（Wolfgang Pauli）对测不准原理进行了拓展，并于 1926 年 10 月 19 日致信海森堡："有人以位置视角看世界，有人以速度视角看世界，但是如果你同时以两种视角看世界，你会陷入混乱。"这就是互补性的简洁描述。玻尔晚年还制造了另一个有趣的互补对：真实和简洁。数学的严格和物理的直觉应该也算一对。不过可以确定的是，如果你同时用数学和物理的视角看世界，那么你会看得更清楚。[①]

自然科学如此，人文社会科学又何尝不是呢？我们知道，世事复杂无非舍得，经济活动无非投入产出，供给与需求；宏观保持好平衡，微观处理好利害，也就能够实现和谐发展。只不过道理简单，做到却难。就像我们平时练习太极拳，师父说，太极拳的精髓在于松，在于舍己从人，好像把本质性的道理说清楚了，但对于日常生活中的人，已经形成了习惯性的本能反应，要做到舍己从人，却十分不易。正如

---

① 互补对指用于描述互补性的二律背反现象或概念，在哲学上既是对立的又是统一的。

利益摆在面前，能够先人后己已属难得，如若具有“利归天下，何必争多得少得”的正确思维，则更是。

在人类社会发展过程中，人们通过长期的观察、研究，归纳出了简洁而又神奇、美好而又深邃的哲学道理。中国的《易经》，被称为百经之首，也是因为其至简至美的缘故。《易经》的核心就两个元素，阴阳和有无。在《易经》中，阴爻和阳爻组合成各种变化，并给人以无穷无尽的启发，甚至现代自然科学中的很多发现和发明也是在《易经》思想的指导启发下实现的。比如有人认为，现代信息技术的高速发展，得益于《易经》的有无和阴阳思想，科学家用 0、1 两个元素结合有无（通电、断电等），发明了机器运算，产生了计算机。

中国古代哲学充满智慧，表现方式简单而美好。但如果不能认识到这些美丽的启示，也不能拿来用以促进生产力的发展，而是一直用错了地方，成为算命看风水的理论基础，则是十分可惜的。

第三章　想得对与做得对

思想是行动之母，只有想对才能做对。所谓想对，就是正确思维的通俗说法，实际上就是用正确的方法做对的事情。一般来说，用正确的方法相对容易做到，但做正确的事情，也就是做对，则需要有眼光、有格局、有智慧。

24. 驾驭人生的智慧

越是面对复杂的环境，越需要有驾驭的智慧，需要有思想的伟力和理论的指导。大到纷繁世界，小到油盐酱醋茶的家庭，很多事情都是因为看问题的角度不同而产生的分歧，不理解这点，就会激化矛盾，容易陷入困境和争端。人的一生虽然很短，但如果能够娴熟驾驭，就一定能够不虚度、不悔恨，能够事业有成，为人类作出应有的贡献，甚至做到立德立功立言。

所谓性格决定命运，一个人的性格离不开其家庭环境的影响和后天教养的育成，一个民族的特质离不开其历史文化和思想传承。个人的品格从根本上看，受到民族的历史文化和当下思想的影响，只有格局大、眼光独到的人，才能真正看清形势并作出正确选择。作为世界上唯一没有中断过文明的国度，中国人的传统文化大多由不同流派相互影响并经过长期的历史洗涤而成，且因不同的人受到不同流派影响的程度不同，其性格也有差异。但不管倾向于何种流派的文化，总体上中国人的性格都是"内守"的，倾向于守势，因此，大多数情况都是信奉"中庸""舍得""天人合一，阴阳平衡"，除非受到外界的逼迫，才会奋起反击。

中国人历来是与人为善者居多，国民信奉善恶有报的因果伦理，力求安分守己，和平共处。经验告诉人们，守本分才能长久，于是几千年的积淀，形成了独具特色的民族品格。这些品格一代代相传，成为每个人的信奉和坚守："一是融入血脉中的善良，二是装进脑袋里的知识，三是刻在骨子里的坚强"。这是国人的智慧之源，善良之根，文化之魂。整个民族充满和谐善良，形成中国人的"道"。

老子早就解释了，"慈故能勇；俭故能广；不敢为天下先，故能成器长。今舍慈且勇，舍俭且广；舍其后且先；则死矣。夫慈，以战则胜，以守则固，天将建之，以慈垣之。"所以，对待"道"要"持而保之"，一定程度上它就是人类社会发展中事物运动的规律。

为什么要善良呢？善良意味着慈悲心，不会以强凌弱，也不会见死不救，更不会落井下石；善良的人具有同情心，具有悲悯情怀，具有同类相护相扶的行为基础。这个道理，小至人生，大至宇宙自然，概莫能外。比如，有慈悲心的社会，人与动物和谐相处，自然环境会自行进化、修复和完善，反之则动物灭绝，环境恶化，最后连人类自己的居住空间也被压缩，以致荡然无存。宇宙万物相辅相成，慈悲相待，故能进入良性循环，即使有偏差，也会自行纠正，实现可持续发展。而以掠夺心态，取之无度，则可能打断食物链、生物链，破坏文化的进化秩序和环境修复的根基，这是十分危险的。这是一种科学的唯物史观，是符合能量守恒和系统平衡原理的，而不是单纯的天道报应的唯心史观。

知识是智慧的载体，也是力量的源泉，千百年来，古今中外有识之士都很看重。不管是荀子的《劝学》，还是培根的名句“知识就是力量”，都告诫我们知识的重要性。然而，知识只有与思维结合才能转化为智慧，转化为智慧的知识才是有力量的。知识转化为智慧进而形成力量之途，无非思考和活用。而做到活用，则需要广泛阅读。自古诗书不累人，每一个认真阅读的人都有机会将知识与自己奇妙的思维融合，从而获得智慧。

智慧是一座专属于个人的宝库，它不会无端消失，也不会被别人窃取。因为，知识多了，见识广了，遇到各种事情就能预见发展趋势，就能借鉴别人的经验，也就能正确应对，采取措施加以解决。

智慧是生命之舵，而“道”是承载着人生的航船。只有舵稳风顺，才能乘风破浪，勇往直前，不会迷失方向，也不会被风吹雨打击垮。

当今社会，最令人困惑的情况是，信息越来越多，思想越来越少；交际越来越多，真心越来越少；欲望越来越多，满足越来越少。很多人每天至少有6个多小时花在电子屏幕上，或者查阅各种知识和信息，或者在不同的朋友圈里问好，转发信息，但很少能获取自己真正需要的有用信息。人生短短几十年，对每个人都平等。如果我们的时间是常数，那么，花费在无用之处的时间多了，用在正确地方的时间就少了。因此，我们对待手机朋友圈，只好设置“消息免打扰”，以过滤一些噪声，关键是节省下来的时间，可以处理有用的信息。不要让渴望求知的人，在大海中漂泊，俯拾皆是海水，却没有一口能够下咽，人们在一片浩瀚的“水”世界中下沉，陷入长久的精神干涸。

25. 从你的周围去学习

“从你的周围去学习”，这就是一种正确的思维（正念思维），这就是聪明人。记得上初中的时候，有个语文老师对聪明人的定义就是“善于汲取别人经验教训的人”。从个体来看，汲取别人经验教训可以让自己少犯错误，从民族和国家来说，通过研究历史，可以看清楚社会兴衰的原因，通过研究其他国家的发展过程，可以减少工业化、城市化、现代化进程中的错误，从而少走弯路；比如，可以尽量避免“先污染后治理，拆东墙补西墙”的错误做法。

中华民族历来是一个充满智慧的民族，中国人民是勤劳善良的人民，正因为我们在历史上经历过了，所以能够看清楚一些意义不明的事物，能够预测事物发展的走势，能够早一步知道结局的性质。唐朝宰相魏徵就告诫人们：“以铜为镜，可以正衣冠；以史为镜，可以知兴替；以人为镜，可以明得失”。放眼世界历史，国家的兴衰，文明的存续，版图的扩张和减少，背后都有规律可循，有经验可以借鉴。其实，大家都是地球的居民，从短时期看，大家都是地球村的村民，从长期看，大家都是匆匆过客，都是宇宙的尘埃，为什么不能建立一个人类命运共同体，共同为人类的未来谋福祉，为地球的存续谋发展呢？

正如习近平总书记在博鳌亚洲论坛 2018 年年会开幕式上的主旨演讲中所说的，“当今世界，和平合作的潮流滚滚向前。和平与发展是世界各国人民的共同心声，冷战思维、零和博弈愈发陈旧落伍，妄自尊大或独善其身只能四处碰壁。只有坚持和平发展、携手合作，才能真正实现共赢、多赢。”在生产力高度发展的今天，我们为什么不能共赢，为什么不能追求共同繁荣、富足、和谐的生活？

从我们的周围学习，从历史中去学习，人类完全可以避免很多错误，可以少走很多弯路。我们至少应该做到同类相惜，不要为了一个民族的利益去毁灭另一个民族；为了得到一些东西，而去毁掉千千万万美好而又珍贵的东西。如果连同类相惜都做不到，又何谈从物种多样化的角度去保护动物、保护植物呢?

具有正确思维的人,无不是推己及人的人,无不是善良正义的人,无不是从周围学习的人。

宇宙中自有“天道”,只有平衡发展,和平共处,不让一个人掉队,才能解决不平衡、不充分发展问题,才能真正实现建设人类命运共同体的目标,让每个人成为地球的公民。

26. 错误归因的心理

在现实生活中常常会听到别人说,如果怎么样就会怎么样,或者是如果不怎么样就会产生某种严重后果。更有甚者,在一些重要领域展开的争论中,也常出现这种谬误思维。比如,路边的算命先生就经常用恐惧思维来诱骗群众,先是讲灾祸已在你体征(通常是面相或者“八字”)上反映出来,或者出现了缺陷,如果不进行补救,就会有什么灾难,或者会波及儿孙等。大多数人可能会被这种恐吓性的语言吓住,于是就“不怕一万,只怕万一”,跟着别人的思维跑。

在一些特殊情况下,人们一旦失去了独立思考的能力,就会随着引导者的思路去思考问题,久而久之就会被洗脑,继而做出很多荒唐的事情。骗子之所以能成功,就是利用了人们的这种谬误思维。一些骗子会用“有图有真相”的事实来说服大家,对于那些相信眼见为实的人,也往往会产生“我亲眼所见,怎么可能是假”等想法。尤其是面对那些吹嘘自己具有神功异能的人士,由于他们往往号称掌握了一些神奇的“功夫”“神迹”,人们会不知不觉就误入他们的圈套。

谬误思维是一般人常犯的错误,其实从心理学上看,这种思维模式是推卸责任的偷懒行为,他们大多把自己的失败归咎于客观原因,而不愿意作出主观努力。这种人要么把自己的不成功归之于自己的命不好，要么归因为“风水不好”或者没有敬好鬼神。区别在于有的人会利用这种心理，诱导你进入他的圈套，或者让你相信他的那套理论（迷信），或者相信他的法力能够治病消灾；而那些所谓的好心人，也会用错误的归因方式，或者用一些特殊的例子来说明问题。

有一段时间，因工作需要，单位要求我做反伪破迷的研究工作，结果在研究中发现，很多迷信的群众都是这么上当的。一些人因为从事工商业（个体户），通过创业，实现了脱贫，过上了富裕的生活，之后却把辛辛苦苦赚的钱都用来修坟墓了。他们认为，自己能够富起来，是因为祖上积德，于是把祖上的坟墓修得豪华奢侈；有的把菩萨请回家，天天磕头进香，以求来年得到更强大的保护和庇佑。

平时也会遇到这种诉诸恐惧的思维模式。比如，微信中有个别人，总是采取“转几个群，就会升官发财，某日是某位神灵或属相值日，某年是一些属相的幸运年，家里有相同属相的人请帮助转发，只要转发多少个群，就会全家都得到庇佑”。凡此种种，都是把人的祸福运势归之于神的作用。这样做的结果是徒增烦恼，且于事无补。有了过错就归因为神灵缺位，没有庇佑自己；成功了也不会运用科学的方法进行评估总结，这就失去了最好的学习机会，失去了很好地通过分析案例获得借鉴的机会，这是其一；其二，这也增加了人的懒惰，使人们为自己的失败找借口，不去探究为什么失败。不从科学角度分析，也就难以有发现、有突破和创新。

怎样避免陷入思维误区，并识破这种谬误思维的影响呢？其实对于传播这样思维方式的人，你可以“以其人之道，还治其人之身”。比如，如果有无所不能至高无上的神灵存在，为什么世界上有那么多灾难，为什么不把海啸、地震、洪灾等消弭于无形，为什么不事先出来警告大家，而要科学研究来进行预测预告？如果转发微信朋友圈就能达到发财的目的，对那些辛辛苦苦劳动、付出巨大代价的人又是多么不公平；果真如此，说明那些所谓的“正神”也是糊涂蛋。而对于一些迷信的人来说，只要等到自己的“正神”值日的时候，转发其尊像就可以了，何必还要那么辛苦的工作呢！

27. 不可证伪并非一定真

科学最重要的是讲求证据。对于某个事件、某种理论、某类现象，不管看起来多么真实，不管采取什么思维，我们要求或者能够证伪，或者能够证实。这是科学研究中最基本的原则，也是区分科学与非科学，甚至是伪科学的重要标准之一。但是在现实社会中，人们往往容易犯一些简单的错误，在逻辑上叫作诉诸无知。如一些命题仅仅因为没有证据证明是假的，就被当成是真的。这种思维方式把证据缺失当作证据不存在的证据。卡尔·萨根给出过一个谬误的例子，“没有令人信服的证据表明 UFO 从未拜访过地球，因此，UFO 是存在的”。类似地，在我们知道金字塔如何建造之前，有人认为，除非被证伪，否则，它们一定是外星人（或某种非人为、超自然的力量）建造的。这是没有道理的，实际上举证责任应该由提出主张的人来承担，即你如果认为金字塔是外星人建造的，就要有证据证明这一结论，而不是自认为一定不是人力所为，所以是非人力建造的。并且，一旦有人怀疑，他们还要让怀疑的人拿出证据，这是“讲道理”的强盗逻辑。

我们都知道魔术给人看到的是假象，魔术表演者自己清楚地知道如何骗过观众的眼睛，也清楚地知道真相，所以，观众也不会说魔术师是骗子，反而觉得其技艺高超，乐意花钱欣赏。当然，也有人会觉得有趣、因好奇而去探索其技艺，揭示其奥秘。但现实中，人们在面对一些现象时，却往往被表演者的花言巧语所欺骗，相信其真实性，并愿意花大价钱去学习，结果就容易上当受骗。自然界中存在很多无法解释的现象，而在日常生活中，也会存在一些“千真万确”的表演，对于一般公众来说，难以区分真假，在不能证明真伪的情况下，许多人就轻易相信其真，这种行为就是一种思维方式上的错误所导致的。国际探索中心的专家们把这种思维方式叫作诉诸无知。

诉诸无知的思维方式由于不可证伪也不可证实，使得那些缺少科学思维的人最容易被忽悠，一般也很难用常人的逻辑思维来说服。相信的人往往会抱着“不怕一万，就怕万一”或“宁可信其有，不可信其无”的态度，并且非常乐于传播，以一种神秘的姿态去与人分享经验。

对于具备科学思维的人来说，他们承认自然界中存在很多未知现象，但不轻易归诸无知，把它归因为超自然原因，而是首先寻找自然的原因。现实中，更符合逻辑的问题应该是：基于过去观察所得，可能得出什么结论？比如，对于空中不明飞行物，哪一种情况更有可能？那个从空中飞过的物体是人造物或自然现象，还是从另一个星球来访的外星人？我们经常观察到前者，比如大气球、卫星废弃物、空军飞行器试验、陨石等；而从未观察到后者——外星人光顾。所以，更合理的结论是：UFO很可能并不是外星人来访所搭乘的工具。

诉诸无知的一个特殊形式是“诉诸个人怀疑”，某人不能想象某事，导致他相信某事是假的。例如，“无法想象某人真的登上了月球，这件事一定从未发生过”。对这种谬误的反应，有时可以机智地反击，“那就难怪你成不了一个物理学家”。

这种情况在20世纪的欧美经常出现。当空中有一个不明物体飞过的时候，人们总会说，你看，那是UFO，一定是外星人光顾地球了。据说，在那个年代，人们出门，首先要抬头看天，不是看天气，而是看天上有没有不明飞行物。事隔几十年之后，这种现象在欧美已经成为了历史，不再相信有天外来客，却在东方很多国家流行了起来，还有专门的研究机构，出版刊物，召开会议。其结果只能是花费大量的人力物力而一无所获。

28. 轻率归纳危害大

中世纪(约公元 476 年—公元 1453 年)结束之前，人们的思维方法中，使用最多的是演绎法。他们依据书本知识，以及他们所相信或信仰的知识去演绎，而很少去进行验证。以致人们相信凡是《圣经》中没有的，都是不对的，是违法的。或者，他们认为亚里士多德是对的，只要是亚里士多德提出来的就是对的，而很少去怀疑其正确性。演绎法的特点是，只有前提是对的情况下，才能得出结论正确。但实际上，中世纪的社会中，人们已经接受了很多错误的信仰和前提，由此演绎的结论也必然是错误的，这在一定程度上阻碍了科学的发展。这么说，没有否定演绎法的意思，实际上，演绎法在科学发展历史上起到了很重要的作用，也是非常重要的科学方法之一。同样的，归纳法也是重要的科学方法，不恰当运用时，也会出现谬误。归纳法是实证的主要方法，实证科学出现以后，归纳法逐渐成为科学研究者常用的方法。由于打着科学研究旗号，在归纳过程中如果运用不当，所导致的错误也会产生更大的危害。在归纳法的运用过程中最容易犯轻率归纳的错误。

轻率归纳最容易出现的情况是，样本太小或样本不具有代表性。

当样本太小时容易犯轻率归纳的谬误。例如，在大街上问了 10 个人对政府削减赤字计划的看法，有可能 10 个人全部都认为，削减赤字是正确而必要的，那也绝不能认为，这是整个国家的观点。但在我们平时的新闻报道中，经常会遇到这样的情况，记者在大街上问了几个人以后，马上就转身对公众说，国家怎样、政府怎样，老百姓怎么看。其实，即使调查是随机的，经过科学抽样的，如果你问的人是特殊人群，而且样本量不够，同样不具有代表性，不能得出一般性结论。新闻媒体的轻率归纳是普遍存在的，在舆论引导方面很容易因为这种错误归纳导致结论偏差。

样本太特殊而不具代表性的轻率归纳也是经常出现的。比如，我们调查公众对抽烟的态度，以决定是否出台戒烟法规。如果我们在烟民多的地区进行调查，而且调查的对象主要是烟民，那么，我们完全有可能得到的结果是，90%的被调查者均反对出台戒烟规定。但这个结论是有问题的，因为选择的样本不具有代表性，或者说，这个结论只是烟民的意见。对于不吸烟的人，样本中所占的比例不够。因此，在做社会调查中，科学抽样是很重要的，否则得出的结论就可能大相径庭，而依此施行的政策也可能导致社会状况的恶化。在组织和系统评估中，指标的代表性、科学性、全面性是避免以偏概全的基本要求。“厉害体”的出现，在一定程度上说，既是缺乏评估思维，更是缺乏正确思维的表现。

轻率归纳中还可能犯的错误是简单枚举。比如，海淀区的张三喜欢抽烟，李四喜欢抽烟，到清华大学看见学生在抽烟，而到北大发现，许多老师也在抽烟，于是得出结论说，海淀区的烟民多，甚至由此推论出海淀区的空气污染严重是由于烟民太多。

不当类比也是导致轻率归纳的错误原因之一。比如，我们到北大，发现学生很早就到阅览室占座，大家晚上都在看书学习，而到清华去，发现学生都在外面玩，甚至很多人都在谈恋爱。于是我们得出结论，北大的学习风气好，学生爱学习；清华的学生善于搞关系，以后能当官。显然,得出这样的结论是很轻率的。也许北大的学生在阅览室上网聊天,也许他们去那里是因为阅览室里有空调,比较舒服,等等;而清华的学生虽在聊天但他们互相之间在谈论学术,交流学习体会。由此可见,研究工作者在得出结论的时候,一定要反思自己的方法是否科学,样本是否符合要求,不要轻易就得出结论,甚至匆忙上报研究结果,误导决策人员。

轻率归纳尽管方便,却会导致代价昂贵和灾难性的后果,尤其是在科学研究特别是重大工程的决策方面。在调查研究过程中,遇到需要通过归纳得出结论的时候,建议多一点评估思维,也就是要对我们遇到的现象进行多角度全方位的估量和评价,以免犯以偏概全的错误。

以偏概全是轻率归纳的典型表现,而错误归因、混淆因果关系和相关关系,也是人们容易犯的归纳错误。在人类认识自然和社会的过程中,往往越是容易获得的认识,越具有表面性,而这种表面现象往往具有欺骗成分,如果我们不具备正确思维,就很可能被表面现象所迷惑。

29. 线性思维的易错性

直线思维和简单归因随处可见,在一定程度上是一系列非理性行为的思想基础。这种思维方式虽简单明了,却很容易出错,有时甚至导致严重的错误。对于个体的日常事务,可能导致关系处理上的冤枉或误会,导致被欺骗者情绪冲动,从而带来一系列的麻烦。对于科研、探索、认知过程,可能导致错误结论,对决策或行为选择造成误导。

从思维层次看,线性思维或直线思维是一种低层次的思维模式。

基本原理是，基于表面现象而产生的对事物之间联系的认识，比如，我们每天回家，开门以后，先打开电灯开关，于是屋里的电灯亮了。了解原理的人，知道灯亮了是因为通了电，是电流使电灯中的钨丝发热产生了光亮。而对于直线思维的人或不具备科学素养的人，很容易认为是开关（本身）导致了灯亮。这种表面现象之间的简单联系并不少见。对于不具备科学思维的人，这种联系还是比较普遍的。巴甫洛夫的条件反射实验，主要就是揭示这种联系的。高级思维的生物，会探索更深层的原因，比如探索灯亮的原因，电灯亮因为有电，并进一步去了解怎么产生电，怎样建造一座发电厂，甚至研究用什么能源作为燃料最为经济。但即使是一些聪明的动物，比如狗、猫、猴子等，也只能进行直线思维。可见，线性思维需要跃升，否则，由于本身具有很多误区，很容易被假象蒙蔽。

线性思维的另一个误区是容易钻牛角尖。从思维的角度看，钻牛角尖的本质是单一归因。这种思维方式是人们生活中经常运用的，比如幼儿的思维方式就是其中的一种。错误的思维方式会使你陷入困惑、矛盾而不能自拔，线性思维的结果是进行简单的结果推论；典型的表现是自以为是或自暴自弃，认为自己无所不能或者一无是处。这样就会使人的心情大起大落，就会失去客观公正，看不到成绩和问题，就可能失去前进的动力，所以，无论是在人的成长过程中，还是在处理社会事务的过程中，具有正确的理性思维，也就是我们所提倡的正确思维，对于正确地处理事情，发展自己，改善和提高效率是很重要的。

但是，线性思维并非一无是处，很多情况下还可以作为科学研究的基本方法，比如我们经常用线性规划来研究一些经济社会组织的发展目标，一定程度上，这种规划方式需要线性思维，是因其基于这样的认识，即事物的发展是呈现趋势性的，这种趋势大都呈现出线性关系。于是，我们经常可以见到规划的线性运动方式，具体表现就是 $Y=X+B$，或者，$Y=BX+C$，也就是其发展轨迹是一种直线。但是，实际上客观世界是复杂的，即使是简单的事情，导致结果的原因也可能是多样多方面的，那么，如果把结果的产生归之于单一的原因，就有可能导致错误的结论，使事情陷入更加糟糕的状态。现实社会中，我们无论是进行简单的家庭事务处理，还是进行复杂的投资活动，比如股票操作，我们往往以为，股票已经下跌了很多，该反弹了，于是就全仓买入，而实际上也有可能下跌才刚刚开始，目前只是一个下跌中继，有可能更猛烈的暴跌还在后面。如果不分析背后的原因，是很容易犯错误的。

当今的年轻人，大多一直处于顺境当中，也很容易犯直线思维的错误。他们很多人认为，优秀的人应当是这样的：小学时是学霸、初中时是学霸、高中时是学霸、大学时是学霸，甚至研究生时也是学霸，那么工作后就应该进入最顶尖公司，进入公司以后也应该迅速得到晋升，幻想着马上就能坐到副总裁或总经理的位置上……一旦现实非其所愿，就会失去动力，怨天尤人，认为是环境的问题，而不从自己身上找原因。因此，我们需要提升思维层次，我们每个人的成长和发展都不是线性的，不是匀速的。一帆风顺的人不会永远一帆风顺，困难重重的人生也不会一直处于困境中。

在真实世界中，特别是社会发展，尤其是人的成长中，每个人的人生曲线都是非线性的，都无可避免会遇到至少一段“剧烈滑落”的曲线，可能会遇到人生中的“至暗时刻”。对于理性思维的人，可能会正确对待成功与失败、得与失、顺境与逆境。这些人就可能熬过不顺心的时候，迎来下一个辉煌时期。而对于那些经受不住挫折的人，就可能由此一蹶不振，陷入“破罐子破摔”的状态。一些人甚至还可能焦虑和抑郁，导致身体出现问题。

30. 欣赏是进步的开始

评估思维工具箱中有一种技术叫欣赏性探究（Appreciative Inquiry，AI）。核心思想是从发生的显著变化中发现你比较欣赏的变化，然后分析其产生的背景，发生作用的关键技术，研究如何保持，并加以坚持、改进、提高，在更高的程度上保持这种状态，这样就能使组织保持最优状态。对于个人，则可以不断学习、模仿别人的成功经验，这样既可以从自身学习，也可以从周围环境中学习。

欣赏性探究是最显著变化（MSC）技术的进一步实施。在发现最显著变化的过程中，从客观上看，这些变化当中有些是好的变化，有些是不好的变化，不同的人对于显著的标准认识上也不同，所以需要整个组织共同来确定，逐层筛选，直至大多数人都认同这种显著变化。而欣赏性探究，则是在变化发展中，选择自己认同并欣赏的变化，然后研究其发生的原因和过程。这种评估技术，既可以集体使用，也可以个人使用；既可以是发生在自己身上的变化，也可以是发生在别人身上的变化；既可以是组织的变化，也可以是环境的变化，只要你认为值得欣赏即可。

欣赏性探究技术使用起来很简单，与最显著变化相似。欣赏性探究关注过去的行为，用说故事的方式抓住并传递关键时刻。其实，我们平常经常使用欣赏性探究的方法来进行评价，比如，曾经有一段时间，国内很流行在教育孩子的过程中采取鼓励性教育，即对孩子的行为从肯定的角度出发，不断给予认同和鼓励。这样做的好处是能激发孩子的兴趣，使其不断保持学习的兴趣，有利于孩子的成长。不好的地方是，一味地鼓励，不能及时纠正孩子的一些错误和不良习惯，失去了帮助他们改正错误的机会，并有可能养成孩子的“玻璃心”，听不进去不同的意见。从长远看，对孩子的成长也是不利的。欣赏性探究虽然也采取肯定的评价以鼓励进步，但不是一味地肯定，而是从大量的变化中发现值得肯定、值得欣赏的变化，并让孩子自己和周围的人都认为变化是美好的变化，确定了这个变化和时刻以后，启发和鼓励孩子自己去进行探究，找到发生的原因，变化的过程，以及如何保持的方法。这本身就是一种学习的方法、学习的过程。所以，在学习性组织建设中，评估是一种重要的手段，无论哪种评估技术，都是组织学习的基本方法。

与最显著变化稍有不同的地方是，欣赏性探究要求相关方记住项目、过程或组织中的最好时刻。也就是说，什么时候人们为自己的工作感到自豪？什么东西使这个尖峰时刻成为可能？如果每天保持这种尖峰时刻的状态，组织将会是一种什么样子？所以，无论是在教学过程中，还是在组织发展过程中，欣赏性探究是一种直接有效的技术。在我国的教育改革中，大家都比较赞同探究式教学方法，我们所提倡的 STEAM 或 STEM 教育，本质上也是这种要求，但除了在课程设置、教学方法上进行改革以外，我认为评价方式的改革，引进正确的评价方法，也是成功的关键。值得欣慰的是，我国很多师范类学校开始探究欣赏性评价的积极作用，并把它运用到德育、美术、音乐、体育等教学当中。这方面的教学实践论文也不断增多，可以预计，欣赏性探究的评估技术将会在未来发挥更大的作用。

从社会上看，欣赏性探究就是通过这种评估技术，把过去成功的要素植入每天的生活，使系统保持并培育出新的成功要素，认真贯彻落实，以实现系统高效、创新。在一定程度上，当今社会存在的一系列问题，与评估方式不科学、评估技术落后有一定关系。社会问题比较复杂，单纯用一种评估技术，甚至用一个评估指标，难以真实反映社会的实际情况，而评估的指挥棒作用就很可能使社会行为发生偏离。因此，在社会经济发展过程中，研究开发先进的评估技术、方法，对于社会经济的发展至关重要。

评估思维工具是评估过程中常用的方法，但真正的评估实践会更全面、系统，需要这些工具的组合运用和系统把握。

31. 每个孩子都是人才

2018 年的全国科普日，中国科普作家协会科普教育专委会一行来到北京大兴实验学校，举办科普进校园活动。该校是中国教育科学研究院在北京大兴开展合作的实验学校（以下简称“中教实验学校”），是率先与科普教育结合，摆脱唯分数教学的先行学校。活动开始之初，专家们先观看了该校学生的一系列科普活动作品和表演。从中可以看出，这种实验是成功的，效果非常明显！

让我印象深刻的是，该校校长所介绍的办学理念。她说，如果学校是一棵大树，每个孩子都是树上的叶子，没有一棵树上有完全相同的两片叶子。教育的目的是让孩子成长和成才，不能用分数这一个指标把大家都塑造成一个模子刻出来的人，如果那样做，就是不科学的，也会让人失去创造力。

是的，一棵树上没有完全相同的两片叶子。特色教育和特长教育就是让具有专长的人成才，而科普教育则更是让孩子们在做中学，在快乐中成长。在孩子成长中，不同阶段具有不同的特点，有的阶段爱动，有的阶段爱问，有的阶段爱想（思考），有的阶段爱冲动……，只有根据不同阶段的特点开展教学，才能因势利导，达到最佳效果。

1883年，美国物理学会第一任主席、美国著名的物理学家亨利·奥古斯特·罗兰(Henry Augustus Rowland)写过这样一段话："因为只满足于火药能爆炸的功能，而没有寻根问底，中国人已经远远落后于世界的进步，以至于我们现在将这个所有民族中最古老、人口最多的民族称为'野蛮人'"。这段言论多么刺耳！这么多年过去了，在孩子爱问阶段，一些家长或者不够耐心，不仅不能有效解答和引导，还会粗暴地制止，从而抹杀了孩子的好奇心，失去了对孩子进一步思考能力的培养；有些家长和老师由于自身科学素养不够，也不能及时回答学生和孩子的提问。我们应该明白，尽管孩子的有些提问可能幼稚可笑，但却说明了孩子在思考！同样，在孩子好动的阶段，非要让孩子安静，去死记硬背，而不是为孩子创造动手和娱乐的机会；在爱思考的阶段，不是引导他们去探索、实验和发现，而是用大纲、标准答案来考试，这样做就把孩子本来能长成栋梁之材的枝丫都砍掉，最后树干也会因为缺乏营养而干枯。这样的教育就不是在育才，而是在毁才，对整个民族来说是在犯罪！

孩子们天生具有探索精神，具有好奇心，只不过在成长过程中，被不科学的教育方式给抑制了、抹杀了。《斯宾塞的快乐教育》中介绍了健康快乐教育的惊人效果，而过度教育带来的危害又是多么严重。依照斯宾塞的观点，教育失败的责任绝不在于孩子，而是父母。他认为，孩子在快乐的状态下学习效果最好，父母要遵循孩子心智成长的自然规律，诱导孩子的兴趣发展，鼓励孩子进行自我教育，培养孩子良好的习惯，发挥父母之爱的积极作用，帮助孩子树立快乐的心态和学习方式。但父母大多夸大了子女的不正当行为给他们带来的苦恼，总认为一切过错都是由于子女的不良行为所致，而与他们自己的行为无关。但是我们稍做公正的自我分析之后，可以发现，父母发出的强制性指令，主要是为了自己行事方便，而不是为了矫正错误。他指出“长期以来的教育误区，把教育仅仅看作是在严肃教室里的苦行僧般的生活，而忽视了对孩子来说更有意义的自然教育和自助教育”。他的快乐教育理念来自对孩子天性的透彻分析和妥善驾驭。

因此，在孩子成长过程中，对孩子的教育一定要有正确的理念，即：用兴趣引导孩子快乐学习；引导孩子的好胜心；保护孩子的好奇心；培养孩子的快乐性格。同时，快乐教育要避免一些误区，即：粗暴尖刻的语言；过分地批评孩子；避免冷漠和麻木；伤害孩子的自尊心；把自己的遗憾交给孩子来完成；要求孩子十全十美。

在孩子的成长过程中，父母的角色十分重要，而孩子是家庭的一面镜子，因此，父母在孩子成长过程中应该保持正确的爱心，最基本的做法是：参与孩子的活动；与孩子一起做游戏；倾听孩子的心声；营造良好的家庭环境；培养孩子积极的心态；激发孩子的自信心；多一些时间陪伴孩子；培养孩子良好的习惯。

总之，每个孩子都是独一无二的，都是可以成材的。但能否成材以及成为什么样的人才，取决于孩子成长过程中的环境和教育，而这个环境中影响最大的必然是孩子的父母和学校的教师。孩子就像大自然中的树苗，在阳光雨露、温度气候都很好的情况下，只要不拔苗助长，不遭樵夫的砍刀，就一定能够茁壮成长，长成参天大树！

32. 好奇心的回报

大约是 2010 年底，我参加了一个英国的科技考察团。有一天，顺便参观了英国自然博物馆。博物馆的展品都很精彩，但其中有一件“展品”很简单,也很一般,却让人难忘,至今还让我不时想起并赞叹设计者的智慧。展品非常简单:放置了一个盒子,盒子边上写了一行字,大意是“里面有一个魔鬼,千万不要打开”。于是,大多数人出于好奇,偏要打开看个究竟,但打开以后发现,其实里面就是一面镜子,镜子里面的人当然就是你自己。每个人打开盒子以后,都会会心一笑,并思考其真正的寓意。不是吗?世界上还有哪个动物能够像人一样多面,既能创造世界,也能毁灭世界。这个展品好就好在设计者利用了人们的好奇心,既激发了人们的冲动和探究,又验证了在任何时候,好奇心都是人类前行的动力。

好奇心是与生俱来的,是人的天性。好奇心强的人,其探究能力就强,在一定程度上说,好奇心是人类进步的动力,是创新的源泉。习近平总书记在2020年9月11日召开的科学家座谈会上多次谈到“好奇心”,他说:“从实践看,凡是取得突出成就的科学家都是凭借执着的好奇心、事业心,终身探索成就事业的。”“好奇心是人的天性,对科学兴趣的引导和培养要从娃娃抓起。”没有“无中生有”的好奇,就难有“另起一行”的创新。

我的一个老前辈陈育智给我讲过一个有关好奇心的故事。有一天,美国第16任总统林肯来到华盛顿的大街上。忽然,他看到在一家名为《智慧》的杂志社门前围着一大群人,不知道在干什么。他耐不住好奇,马上凑了过去。结果发现,有人在华丽的墙壁上竟钻了一个小洞,洞旁写着几个醒目的大字:不许向里看!但好奇心还是驱使人们争先恐后地向里观望。林肯也顺着小洞向里看,原来里面是用五彩缤纷的霓虹灯组成的《智慧》杂志的广告。林肯大笑起来。他觉得这家杂志的广告很有创意,于是吩咐秘书为他订了一份。《智慧》杂志果然很独特,不论内容、版式、装帧、封面设计,还是印刷质量都称得上一流。林肯总是抽时间阅读杂志。一天,林肯处理完当天的公务,又拿起一份新到的《智慧》杂志翻阅。翻着翻着,他突然发现,在这份杂志中间有几页没有被裁开。林肯顿时很扫兴,顺手就将杂志放到了一边。晚上,林肯躺在床上,不经意地想起杂志的事情,心想这本杂志既然是一本风靡各地的杂志,在管理方面应该是十分严格的,怎么会出现管理方面的问题呢？由此又联想到杂志社曾在墙壁上钻小洞做广告的事,难道这回又有什么新花样？他翻身下床,找到这本杂志小心翼翼地用小刀裁开了书页。裁开之后,发现连页中的一节内容被纸糊住了。林肯想,被糊住的地方大概是印错了。但印错的内容又是什么呢？好奇心驱使林肯又用小刀一点点地撬起了糊着的纸。最后,他发现下面竟写着这样几行字:

恭喜您！您用您的好奇心和接受新事物的能力获得了本刊1万美元的奖金,请将杂志退还本刊,我们将负责调换并给您寄去奖金。——《智慧》杂志编辑部

林肯对编辑部这种启发读者智慧和好奇心的做法极其欣赏,便提笔写了一封信,随信附上自己的一些建议。不久,林肯便接到了调换的新杂志和编辑部的一封回信:

总统先生,在我们这次故意印错的300本杂志中,只有8个人从中获得了奖金,绝大多数人则只是采取了将杂志寄回杂志社重新调换的做法,看来您的确是真正的智者。根据您来信的建议,我们决定将杂志改名。

这本改名后的杂志，就是至今风靡世界的《读者文摘》。

具有好奇心的人往往是具有探索精神的人，同时也是具有科学思维的人。无论是牛顿、爱因斯坦，还是第谷、开普勒，都是被好奇心引发科学思维的人，进而诞生了一系列的发现和发明的。试想，如果牛顿被苹果砸了一下，摸摸头走开了，不作任何思考，那么，可能也就不会有万有引力的发现了；假如爱因斯坦没有因好奇心引发的思考，即如果运动速度超过光速会出现什么情况，也就不会有思想实验的产生，也就不会有相对论的推理和论证；假如没有第谷的观测数据，也不会有开普勒的行星运动三定律。所以，正因为人类不仅有好奇心，有思想实验和科学思维能力，才使人类成为地球上的"主宰"。世界是丰富多彩的，世界上的事物具有多元解释，多样化的发展方向，对同样的事件，不同的人有不同的认识，在不同的人管理和引导下，会有不同的结果。如果一味地只能按照标准模式去思考，那就一定会失去更加具有创造性的答案，也就不会有创新成果的出现。

记得参加北京市科协的科普动漫画作品评审工作的时候，发现同学们对同样的一个事件或主题，能创作出千姿百态的作品，我们的评审也并没有标准答案，凡是符合基本的科普属性的作品都可以得高分，并参考其科学性、艺术性、通俗性等。这样的科普活动才能激发青少年的想象力、好奇心和探索精神。因此，为了保持好奇心，并获得好奇心引发的思考而可能带来的回报，我们应该乘"双减"东风，大力推广科普教育，使之与学校教育相结合，使青少年在娱乐、好奇、想象、探索、参与、沉浸中学习，促进教育效果的提升。与此同时，大力转化科技创新成果和科技研究前沿的成果，将其转化为科普资源，及时进学校进课堂，铸强创新发展的科普之翼，给民族的未来插上腾飞的翅膀。

33. 科技促进道德进步

科学前沿的重大突破不断为人类提供新的力量，也带来了复杂的道德窘境。比如，克隆技术引起了一场世界范围的争论。争论的焦点是，这种技术应用到人类自身是否道德。还有，许多保守者反对做胎盘组织的干细胞研究，因为他们认为在细胞的第一次分裂中就赋予了“灵魂”，这种研究侵犯了人的“灵魂”，是不道德的。科学前沿还有一些同样充满矛盾的问题：器官移植，用动物器官替代供应部分损坏的人体器官，这种跨人类的器官改造后受益者还称得上是人吗？这样做符合传统伦理吗？符合传统的道德标准吗？全球变暖意味着需要把工业转移出富裕国家（转移到穷国）吗？同性恋符合遗传学原理吗？是否可以允许同性结婚？我们如何来决定这些问题？我们要采取什么样的标准？等等，所有这些问题，是在社会经济发展过程中产生的，也有一些是科学技术发展带来的，是科学技术发展中所面临的一些伦理和道德问题，尽管其中也有因道德标准差异产生的争论，但也需要我们加以认真的思考。

这些问题是科学技术发展过程产生和需要解决的问题，但我并不认为科学技术的发展违背伦理道德。相反，科学技术发展中的问题，包括所引发的伦理冲突和道德窘境，正是促进社会道德进步的动力。从人类社会发展的历史和科学技术发展的历史看，科学技术在促进道德进步方面起到了难以替代的作用。正是科技的发展，才使我们认清了什么是科学的伦理。遗传学和优生学给人类提供了近亲不能结婚的科学依据；生态平衡理论科学地说明了保持物种多样性对稳定地球生物圈，以及维护人类自身可持续发展的作用；医学的发展更是极大地减轻了人类的痛苦，延长了人类的寿命；等等。总之，现代社会的生产、生活，人们的衣食住行，哪一样也离不开科学技术的贡献，而科学技术的发展对人类道德的贡献，正是体现在日常生活的各个方面。尤其是科学探索所需要的民主土壤，更是人类道德成长的沃土。

我们也应该看到，科学探索可以发现事物的真实原因，并由此揭示事物的原理，甚至发现新的科学理论，但这种科学探索的成果在运用上还需要通盘考虑，不能无限制地加以运用，否则也可能产生“不道德”的后果。比如：①达尔文发现“物竞天择，适者生存”是自然界物种进化的重要法则，我们是否就可以得出结论，并教条地加以运用，认为没有必要帮助残疾者和贫困者，因为这样做符合进化的规律？②优生学家认为，一些人比另一些人更聪明；遗传学理论认为，优秀的母本能够产生优势的后代，聪明的父母可以生育聪明的孩子。这是否意味着杰出人物统治的社会是最好的？或者遵循优生学方法，应该将那些有智力缺陷的人杀掉？显然不能（这种观念曾被法西斯分子在德国加以利用，并导致灾难性的结局）。那么，人类应该怎么办？怎样完善道德的标准，促进道德的进步呢？

另一种情况是，如果我们不加判断、不加选择地运用过时的道德“标准”，也会阻碍科学的发展，阻止科学给人类带来更多的福祉。仍以胎儿干细胞研究为例。支持者认为，保持这个领域的研究可以带来巨大的利益，可以治疗大量的疾病，比如帕金森病、青少年糖尿病。这里的标准是其结果。反对者认为，这种形式的研究是“不道德的”，因为它损害了人类对灵魂的占有，依据这种解释，“灵魂赋予”发生在开始怀孕的瞬间。这个争论源自两种对立的道德主张：①认为干细胞研究可以造福人类，可以对人类健康作出贡献；②认为它破坏自然生殖过程，违背传统的伦理道德。显然，以科学的道德为标准，它所满足的是大多数人类的利益;以所谓的“灵魂”标准,它所满足的是某个团体的利益,甚至是极少数人的利益。

有些事情看上去已经明了,也不难做出选择,但实际上并非如此简单。这种争论不会单纯停留在实用层面上,更多地会涉及价值观念、价值体系的争论,而使问题进入哲学层面。科学技术的发展虽然为人文、社会科学提供理性的判据和科学的方法,但科学技术本身具有的精神内涵还远没有上升到文化层面,致使科学技术所表现的物质力量容易被人们认识,其所带来的问题即引起伦理冲突和道德窘境也往往比较明显,而其精神作用,尤其是科技发展给人们观念上带来的革新、价值标准方面的进步,往往被人们所忽视。而伦理道德恰恰是价值判断领域的范畴,更多地涉及社会、人文科学领域。由自然科学发展过程中所引起或带来的社会伦理和道德问题,最终要通过价值判断甚至是哲学上的争论而做出选择,并通过法律和社会规范的形式加以实施。

因此,科技发展对道德进步的贡献一般表现在:①科技发展提出或带来新的伦理道德问题,或者使旧的伦理判断和道德标准面临窘境,为道德的进步拓展了空间;②科技发展过程中,产生新的理念、技术和方法,在运用过程中向人文科学渗透,使科学和技术的精神内涵得到升华,积淀而形成人类优秀的文化遗产,并部分成为道德本身的内容或道德判断的标准;③人文、社会科学发展过程中,也不断吸收自然科学和技术科学发展中的新理念、方法和技术,使道德判断的标准更加理性;④科学的本质特性之一是探索,对道德内涵及其标准的探索本身就是一个科学的过程,探索的结果必然是促进道德的进步,如果这种探索是在民主的、平等的、不带偏见的、公开争论的情况下展开。很显然,科学探索能够使我们改进我们的价值观,在需要的时候和合适的地方生成新的价值观。我们已经拥有一套约定俗成的判断，在应用医学、心理学、工程、教育咨询和其他领域得到实践的检验。相似地，我们也有一套约定俗成的伦理判断，在实践中和在规范的知识体系中得到了检验；而且随着科学的进步，新的规范也会不断被引进到这种判断中来。

可见，科学不仅具有强大的物质力量，而且具有强大的精神力量。科学技术是推动世界发展的力量，不仅仅体现在给人类带来丰富的物质生活和精神享受上，而且，它同样极大地改变着人们的观念，提升人们的精神、道德、价值水准。随着科学技术和社会经济的进一步发展，科学技术的精神财富还会得到进一步的挖掘。目前存在的“道德滑坡”，往往是由于对科学技术的精神层面及其所具有的价值认识不够，我们应该充分挖掘科技进步带来的精神价值，使之融入文化，促进文化的进步和繁荣。

在今天，仍然有一些人，希望人类放弃理性和自由，回到前现代社会存在的神秘传说中去。科普的任务还十分艰巨，自欧洲文艺复兴运动以来的科学启蒙还需要继续，人类需要对自己的未来承担起责任。

第四章　赋予创新的思维

创造性思维是人类创造力的核心和思维的高级形式，人类社会的进步与发展离不开知识的增长与发展，而知识的增长与发展又是创造性思维的结果。提升创新能力就是需要培养创造性思维方式。

34. 创新是怎么发生的?

创新是怎么发生的，什么样的地方最容易创新？换句话说，一个人怎样才能做出引人注目的成就？我们看历史上的名人是怎么回答这个问题的，而且这个问题对于一个人的成功又是多么重要！

爱因斯坦在瑞士苏黎世联邦工业大学就读时，导师是数学家明科夫斯基。有一次，爱因斯坦问："一个人究竟怎样才能在科学领域、在人生道路上留下闪光的足迹、做出自己的杰出贡献呢?"明科夫斯基被问住了，直到3天后才兴冲冲地找到爱因斯坦。他说："你那天提的问题，我终于有了答案!"他手脚并用地比画了一阵，怎么也说不明白，于是拉起爱因斯坦就朝一处建筑工地走去，径直踏上刚刚铺就的水泥地面。爱因斯坦被弄得一头雾水。他说："老师，您这不是令我误入歧途吗?""对，歧途！看到了吧，只有这样的歧途，才能留下足迹！只有新的领域、只有尚未凝固的地方，才能留下深深的脚印……”从此，一种非常强烈的创新和开拓意识，开始主导爱因斯坦的思维和行动。他曾经这样说：“我从来不记忆和思考词典、手册里的东西，我的脑袋只用来记忆和思考那些还没有载入书本的东西”。

——摘引自《爱因斯坦的故事》

可见，创新的本质是思维的创新，是一种无人区的探索，这也就意味着在科技发展的无人区，不创新就只能等着被淘汰。此外，在面临着技术封锁的情况下，也只能靠创新来杀开一条血路。思维创新就意味着敢想，能够独辟蹊径地思考，甚至要允许“离经叛道”，这就需要一种创新的生态，这种生态其实就是一种允许创新的文化。然而，现实中的情况却是，人们一遇到问题就回到故纸堆中去找路径、找方法；甚至社会上暂时出现一些不如意的情况，也被认为是丢弃了“老古董”而产生的结果，恨不得立即把“圣贤”抬出来，教训那些提倡创新的人，浑然无视改革的初衷和探索的艰辛。当今世界，科技创新是发展的最强动力，但科技创新离不开文化的滋润，这种支撑科技创新的文化就是科学文化。在中国，科学文化没有像在西方那样融入社会文化，成为社会文化的重要组成部分，而是在旧文化土壤中播种科学的种子，由于没有科学文化土壤的滋润，往往很难摆脱传统思维模式的桎梏。

我们有根深蒂固的思维、认识和行为习惯。这些习惯不仅禁锢人们的思想，而且束缚人们的行为。在“大众创业，万众创新”的今天，就成了阻碍创新发展的“符咒”。

创新要求标新立异、人无我有；创新的行为需要社会认同，创新的价值需要在市场中得以实现，创新的成果需要受到科学文化土壤的培育。人的行为是思想的产物，而思想的真实性和创新性取决于周围的环境，取决于大家的认识宽容和行为习惯，也就是需要创新文化。

未来的竞争，既是经济、科技的竞争，更是文化的较量[①]。在科学文化这个层面，未来的科学文化建设，一定要立足于建设人类命运共同体，立足于为建设世界科技强国打基础立根基。因为这种文化是国际化的，至少要知道世界的潮流是什么，只有融进去，才有机会去改造去引领。从历史上看，不管是文艺复兴还是启蒙运动，乃至科学革命，其背后实际上都有科学文化在起作用，或者说当时的先进文化在后面支撑着。如果我们忽视了背后这些基础性的文化建设，现在提出来的很多口号，可能都只不过是一个美好的愿景。

35. 底线思维有助成功

所谓底线思维就是把事情推到最坏的局面，然后看能不能应对，如果能够应对，你就可以大胆出牌了。通俗说，“做最坏的打算，朝最好的方向努力”，用科学的语言表达就是“在限制条件下求最优解”。

在现实生活中，当人们需要对一些不确定的事情或者有风险的问题进行决策时，往往会瞻前顾后，难以抉择。这是人之常情，尤其是在涉及大量的物质、资金和精力投入时，更是如此。比如，在创新创业的过程中，就有很多人出于担心而放弃，选择一种安逸的生活。在国家或者利益集团的谈判过程中，也往往看不清局势的发展和变化而担心，导致有的人无原则退让，或者放弃合作机会，或者遭受巨

---

① 塞缪尔·亨廷顿.文明的冲突与世界秩序的重建[M].北京：新华出版社，2010：28-35,146,184.

大损失。

其实，如果有正确的思维方式，就不难应对这些有难度的问题。比如，底线思维就可以帮助你做出清晰的判断，并做出明智的选择。大到国家之间的对抗性选择，小到日常生活中的机会选择，都可以采取底线思维方式。当然，底线思维方式同样需要有正确思维来指导，尤其要使用其中的评估思维来进行科学的判断。这是因为：第一，只有通过评估思维进行科学评估，才能正确判断底线是什么，在哪里，自己能否承受"艰难问题"。底线思维是评估思维在选择和决策时的具体运用，是一种十分有效的思维方式。第二，底线思维不是无原则地退让，不是无方向地等待，而是在正确理念指导下求得最好结果。

底线思维是有助于促进成功的思维方式，也可以看成是成功的决策技术。但是，运用底线思维也要注意一些基本的前提：第一，必须坚守底线，比如在法律的规定范围内，同时不违背道德伦理，不突破人性底线等；第二，目标和约束条件比较明确，同时也明确自己能够承受的失败情境；第三，基于事实和证据的评估，这种评估是在评估思维指导下的多角度全方位考量。

值得注意的是，一旦想清楚了底线是什么，做决策和付诸行动时就不要患得患失，不要因为条件变化而放弃或者害怕。实施中可以依据条件变化调整策略，也可以调整目标，但由于在相当长的时间内，底线是不会轻易改变的，那么做事的决心和行动就不能轻易改变。因为一旦明确底线，无论实施条件怎么变化，只要坚持努力，结果只会比底线好，不可能出现更坏的情况，所以，只要不放弃就意味着成功。这也是底线思维有助于成功的秘密所在，而一旦放弃也就会半途而废，运用底线思维也就没有实际意义了！

我们在平时的选择中也经常会运用这种底线思维。我的感受是,底线思维的确是一种走出困境的思维方式,它能够让你“置之死地而后生”,在遇到很大困难时帮助作出决定,从而有利于克服困难,实现既定目标。

但是,要运用好底线思维,应当注意一些关键点:一是明确方向和目标,知道自己要去哪里,要干什么;二是立足自身实际,一旦出现底线情况,能否承受以及坚持多久;三是立足实际进行科学的评估,尽量掌握信息,进行多方面衡量和评估;四是突破底线以后的应对措施,能否果断止损,能否东山再起;五是运用的时机,比如是否关系长远和全局,是否需要背水一战等。

36. 多角度全方位看问题

当今世界,由于科技的快速发展,创造了空前丰富的物质、繁荣的文化和知识信息,但也带来了很多意想不到的严重问题,如气候变暖、病毒传播、瘟疫流行、物种消失、网络成瘾、文化冲突加剧等。这些问题大多是全球性的,已经影响到人类社会的生存和发展,影响到我们生活的地球的存续发展。那么,这些问题是怎么产生的?为什么会出现?怎样避免?表面上看,这些问题是科技进步的副产品,也有人把责任归结为科技的快速发展,归结为无节制的竞争和向大自然的资源索取。实质上却是人类的思维和选择问题,核心则是评价体系和导向问题。主要表现为:一是评价实践的进步落后于理论的发展,根源可能与评估文化、制度约束和政治限制有关;二是评价指标的偏差,偏离了人类文明进程的方向,导致用正确的方法做了错误的事情;三是对发展的责任和伦理缺乏研究和认识(违背了评估文化和评估伦理)。

首先,从评价理论发展的进程和阶段看,尽管科学的评估理论产生较晚，对评估研究的历史（哲学意义上的思考除外）也不长，但评估的理论和实践运用都发展很快，且在实践上落后于理论，从而导致了一系列问题。比如，评估理论和模式已经发展到了第五代，即测量、描述、判断、建构和协商（民主）评估[①]。目前的社会发展阶段需要通过建构主义的指导和协商民主式的评估，才能实现科学发展，而在实践上却仍然是权威说了算的判断式评估，而且，很多发展中国家把经济增长作为主要的甚至是唯一的衡量指标。结果导致要么产生恶性竞争，进入零和游戏，比如军事竞赛、贸易争端、货币金融战；要么过度开采资源，导致环境生态失衡，影响地球可持续发展。如石油开采导致臭氧层破坏和全球变暖、冰山消融；要么过度发展科技，严重威胁人类自身的生存空间。比如基因技术、纳米材料和核技术，甚至是人工智能。

第二，从评估学的角度看，这些问题都是由于错误的判断而导致的错误决策，在策略的选择上没有从长远、全局、整体来考虑问题。比如，建构主义的评估，需要把发展建立在对未来的建构上，而协商式评估，需要构建符合大多数人利益、有利于地球和人类可持续发展的评价指标，需要共识基础，但实际操作时要么没有评估，要么评估时很少考虑到其他人，而往往是只要利己就行。其次，评价指标的偏差必然导致结果的偏差。指标就是指挥棒，如果用来测量发展的指标出现问题，那么发展本身也就会出现问题。比如，只追求 GDP 而不顾环境问题，不顾长远的发展，不顾诚信道德的沦陷，以致利欲熏心的人失去了底线。只追求考试成绩的教育，会导致人才缺失，高分低能，从而出现“钱学森之问”的类似结果，直接影响发展的转型和结

---

① 李志军.重大公共政策评估理论、方法与实践[M].北京：中国发展出版社，2013：9.

构调整;而追求奖金和利润的医疗,也出现了激烈的医患矛盾,以致一个人生病就导致全家陷入困境,生活质量尽失。所有这些,看似简单的利益问题、收入分配问题,其实都是评价和评估出现了问题。

现实中,很多人在认识到了评估评价问题以后,不是努力改进评估的指标和方法,而是责怪评估行为,从而得出不应该评估的结论,这实际上从一个极端走向另一个极端。我们不能因噎废食,就好像有人用刀子杀了人,就要废除刀子的生产一样,是十分荒谬的。这种思维一定程度上是一种不负责任的政治投机,是风派人物的行为体现,其直接危害是导致折腾式发展,浪费资源和国家发展的大好时机。由于国际上给我们的发展窗口期是十分宝贵的,所以这种行为也会导致我们失去很好的发展机会,付出的代价巨大!

第三,行为主体的社会责任缺失,导致方向性错误激励。这实质上是一种社会评价和舆论的引导问题,最典型的事件是公众人物的行为,最重要的评价是公共事务中的价值判断,最大的危害莫过于新闻媒体、公众人物和教师医生队伍的责任缺失。仅以媒体报道为例,有学者认为,南京彭宇案把中国的道德建设倒退至少50年[①],由此引发的结果是灾难性的,不用说救死扶伤了,连起码的同类相惜、怜悯之心都被泯灭了,因为好人有好报的优秀中华民族传统美德被践踏了。为什么出现这种情况呢?媒体的报道把事件的负面作用发挥到了淋漓尽致的地步,从职业和专业的角度来看,这件事确实是新闻,也产生了新闻效果,但问题是这种效果是负面的,从媒体责任来看,

① 指2006年11月20日早晨,引起极大争议的民事诉讼案。https://baike.so.com/doc/6148633-6361818.html

应该估计到报道以后可能带来的不良影响。更有甚者，互联网时代的媒体为了追求所谓的点击量，无视责任没有底线地充当“标题党”，给社会带来极大的不稳定性，有时甚至牺牲万亿财富以满足它那点可怜的点击量。比如“杭州马某”到后来“辟谣”的“杭州马某某”就在瞬间导致万亿的股票市场波动[①]。当然，“扶老人被讹”的新闻，细究起来还不算媒体一个方面的责任，法院认定也是重要方面，但法律有自己的责任和准绳，暂且不论媒体的社会责任如何体现，作为善法良法至少要有基本的判断，这种判断是最初级的评估，无论什么事情都不能追求单一指标，都要看看其后续影响，要多角度多方位进行衡量评估。因此，任何时候都应该首先考虑社会责任，即便新闻是事实，也要看报道以后可能造成的负面效果，更何况一些极个别的负面事件，任何地方都不免出现，但报道却一定要慎重，尤其是作为喉舌的媒体更要有社会责任意识。

诚然，让媒体一家为底线沦陷负责也有失公允，任何一个社会性的问题，其产生都有复杂的原因，涉及方方面面。但在对事件评估时，需要有评估思维的指导，否则会产生以偏概全的严重后果。如果媒体报道的时候能够多角度思考问题，而不单纯追求点击量和新闻轰动效应；如果教育不单纯追求分数，而考虑德智体美劳全面发展；如果社会发展不单纯以 GDP 来衡量，而把结构、环境、贫困、基尼系数、恩格尔系数等因素考虑在内，那么，我们的发展就可以避免很多问题，就可以实现高质量发展！

---

① 从杭州马某到马某某，故意抖机灵酿成的教训，应该引以为戒。https://www.360kuai.com/pc/9086342cb7b0378b3?cota=3&kuai_so=1&sign=360_57c3bbd1&refer_scene=so_1

37. 互联网时代的传播

我们处于一个“人人都是媒体”的时代，这个时代的鲜明特点就是，信息技术高度发达，以云计算、物联网、大数据为特征的生产技术和社会生活形态，呈现出万物互联、快速、即时、泛在、互动等一系列特征。与之相应的是，信息过载，真假难辨，知识碎片化等给人们的学习、生产、生活带来巨大困惑。人们感到日益被移动终端尤其是手机所绑架，在极其方便地获取所需信息、知识的同时，也时刻充满着对安全、隐私、信任的担忧。这种情况长期发展下去，有可能导致人们精神分裂、神经错乱，更遑论创新创业了。

在这么一个时代，人们面临的最大挑战是什么？换句话说，这个时代带来的最大问题是什么？最大风险又是什么？

因为人人都是传播者，又是信息接收器（受者），这就会导致两种不同的情况：一是话语权的分散和民主意识的觉醒；二是权威话语权的缺失，甚至谣言满天飞，真假难辨，敢说大话假话的人到处忽悠人，骗钱发财，比如各种治病、养生“秘方”，迷信与伪科学搭上科学的便车；主流价值观难以树立，文化冲突日益加剧。

在这种情况下，光有知识是不够的。有知识没有智慧，知识是干枯的，还是免不了会上当受骗；有知识没有文化，也会成为历史虚无主义，导致崇洋媚外，甚至被颜色革命分子所利用。所以，无论是从传播者还是从受者的角度看，都需要有科学的思维方式，尤其是评估思维，才能进行正确的评价、判断、选择和决策。

从传播者的角度看，需要通过理性判断、科学评估，才能确定信息的重要性和准确性，才能依据科学的原理和已有的知识来进行正确的决策，确定什么内容是科学的，符合社会价值建构，有利于社会进步和文明的发展，从而决定是否传播。这样就可以避免人云亦云，以讹传讹，也才能避免盲目转发，造成更大的负面影响甚至是损失。

从受者（信息接收端）来看，具备这种科学的评估思维，就不会盲目相信其他人所传播的内容，并在不能马上做出正确判断的情况下，延缓决策，保持合理的怀疑态度。在遇到一些具有蛊惑性的信息时，运用批判性思维进行审视，以避免上当受骗。

进入信息社会，似乎一切都在快速变化中，创新变得“简单”。甚至很多情况下，把简单的“触网”都当成是创新的成果，长此以往，这种思维和价值判断模式，不仅不能激励和鼓励创新，反而把创新庸俗化，阻碍和扼杀创新。

因此，真正的创新是思维方式的创新。从大众传播来说，信息社会无论是理论、模式，都面临着巨大变化，都需要创新才能满足时代的变化要求。比如，传统媒体的传播环境下，谁拥有媒体，谁就有了传播权，就有了话语权，就可以控制舆论和信息，就可以因此拥有领导权。但是，在新媒体的情况下，目前，已有 10 亿多智能手机用户，而微信、微博、微播、快手、抖音等新的传播方式和内容呈现，把大多数公众都变成了自媒体，他们不仅可以传播信息、知识，还可以“制造新闻”，并以标新立异的方式传播出去。这样，传播权和话语权已经从以前的阵地主导，转变为内容主导、形式主导；从以前的教训口吻，转变为温情脉脉的说服、讲理和感化。也就是说，光有话语权还不行，还要让人喜欢，让人信服，让人愉悦。而怎样才能做到这一点呢，显然需要通过各种评估手段和思维方式实现创新，包括内容、传播模式、渠道、表现方式、对待公众的态度，等等，都需要创新。总之，争夺话语权，最终目的是争夺公众。在这个过程中，科学文化、科普不去占领阵地抢夺话语权，公众就会被迷信和伪科学甚至是邪教所蛊惑。而要真正占领阵地，原来直接把信息内容传播出去就万事大吉的做法，显然就不够了。至少需要考虑传播的效果，要吸引人，还要有用户黏性，要有说服力，才能达到效果，才能真正培养粉丝团，也就是涨粉。可见，在新媒体快速发展的大背景下，原来的阵地意识发生了很大的变化，不仅要有话语权，还要有内容。在大家都可以传播的情况下，当然就要拼内容了。你说的内容有道理、吸引人，我就乐意接受。这就要求传播者认真设置议题，选择大家感兴趣的议题，选择对大家有用的内容。

科普传播以其内容的科学性、通俗性、艺术性呈现出明显的优势，作为自媒体人，进入科普领域，可能是其很快涨粉的一个捷径，同时，科普具有政治引领和价值引领功能，对于传播者来说，也是达到社会效益最大化的明智选择。希望有更多的媒体、更多的自媒体人加入科普传播中来，为提升公众的科学文化素养服务，为建设科学文化做贡献。

38. 助你天天向上的技术

我们对“好好学习，天天向上”的愿望都不陌生，但在现实中，即使好好学习了，也不一定能天天向上，这主要是因为我们所使用的方法不对，或者思维的路径出现了差错。其实，做到天天向上是有办法的，评估思维中的最显著变化法就能助你达到这种效果。所谓最显著变化（Most Significant Change, MSC），就是通过回顾一段时期的行为和经历，发现自己最满意的一段经历或成果，并回忆总结这个结果是怎么发生的，能否保持和复制，以便在以后的经历中不断出现这种情景，发生一些显著而重要的变化。该技术主要用于帮助监测和评估社会组织及其实施的社会项目的效果和影响，也可用来了解各类组织、社会团体、个人一定时期的活动情况，以发现其最显著的变化及其原因,促进组织和个人业绩的持续增长和改善。该技术可用于许多不同的领域,包括农业、教育、医疗、科普等,尤其是在发展方案和项目的快速评估方面。由于它能够适用于不同的文化背景,该技术已在各个国家被广泛使用。

MSC技术是一种监测与评估的方法。监测功能体现在MSC贯穿于整个项目计划周期并提供信息来帮助人们管理项目。评估功能体现在其提供影响和结果的数据,有助于评价整个方案的成果。

其核心功能是收集项目或组织机构所涉及的重要变化,即公认是最显著的变化。怎么发生的,时间长短,主要影响因素,变化的好坏,如何保持或避免等。在执行过程中,由指定的项目参与者或工作人员组成的讨论小组有条理有计划地选出最显著变化,定期深入讨论这些变化的价值。

MSC具有简单、实用、有效等优点。所谓简单,因为它是一种**无指标监测**,即MSC没有预先定义的指标,尤其是那种需要计算、测量的具体指标。只要发现或找出何人在何时何地做什么,为什么做,以及为什么是重要事件的原因就行。所谓实用,就是能够**达到监测评估的效果**,成为一种同时可以作为监测和评估的技术。在监测方面,与传统的监测技术不同,传统监测主要以活动和产量为目标,MSC监测目标主要是过程中的成果与影响。而所谓有效,则是这种方法可以达到组织学习的目的,使组织不断进步,达到天天向上的目的。这是MSC技术最根本的方面,收集最重要的变化和成体系的分析,促进组织学习和改变。

对于一些复杂的项目或组织中的监测评估,MSC技术是一项简便而有效的监测评估技术,实施步骤分为十个方面,包括:启动项目并建立利益关系;确定变化的范围;确定报告周期;收集重要变化的细节；选择最重要变化；反馈选择的过程和结果；核实这些变化；量化；继续分析与监测；修订 MSC 系统。

重要变化的描述是由最直接的参与者或相关者收集的，通过一些简单的提问来收集过程中的变化。如：你认为上个月项目中的参与者发生的最重要变化是什么？这种方法易于将应答者的陈述归类。另外，最好能记录应答者认为变化最重要的理由。

接下来，这些描述的情境将被分析，并在项目中逐级传递。每一级都要回顾情境，挑选出每一领域里最重要变化的描述传向上一级。每个小组向上一级传递筛选出的情境。经过一个系统化、透明化的过程，情节的数量得到削减。每一次筛选后，选择的标准都会被记录并反馈到所有的利益相关者。如此一来，随后的每一轮情境的收集与挑选都会收到前几次反馈的意见。整个组织能高效地记录和调整适应目标，而评估事件价值的标准也显而易见了。

在这一进程使用一段时间（如一年）后，会产生一个由组织最高等级挑选出的包含此时期内每一变化领域的事件的文件。其中所有情节都记录着被挑选的原因。项目投资者们将评估文件中的事件，挑选出他们最希望资助的、最具代表性的成果。同样，他们也要记录选择的理由。这些信息将会反馈给项目运营者。

被挑选出的事件，可通过走访事件中所记录的发生地点来核实。这样做有两个目的：一是检查变化是否被真实、准确地记录；二是有机会收集到那些关于特别重要变化的更多详细信息。

量化过程分两步进行。当一个变化被首次记录时，可能包括定量信息和定性信息，也可能是在特定时期、地点所确定的重要变化的最大量化程度。量化后的下一步就是监测监控系统本身，包括查看参与者、监测者以及他们如何作用于监测内容，如何分析经常变化的不同类型的报告。最后一步是修改 MSC 的过程设计，以作为一个直接结果来了解它、使用它，并对使用进行分析。

MSC 过程的核心技术是确定重要变化，通过逐级反馈，选择出项目带来的最显著改变，并分析其发生的原因。

“回顾上个月，你认为(在一定变化范围里，比如某个地区、单位、项目等)最重要的变化是什么?”这种技术既可以用于组织、单位、机构，也可以用于个人，比如，你可以通过写日记的形式，把每天的生活工作记录下来，回顾一天当中使自己最快乐的尖峰时刻，也可以总结一个星期中导致自己产生最显著变化的事件，这种事件既可以是正面的，也可以是负面的，但对于正面的，要想办法保持，而对于负面的，要坚决克服和改正，这样，长期坚持做下去，就可能形成习惯，就会使自己越来越优秀，形成使自己“天天向上”的动力机制和科学方法。

39. 事后行为回顾

事后行为回顾(After Action Review, AAR)是评估思维工具箱中的一项重要技术。该技术一般用于对行为结果的简单快速评估，由于不需要正式评估中所使用的指标体系、数据采集、定量分析、结果和影响认定，AAR 相对快捷、方便，又能获得大量有益的信息，是促进个人或组织的学习，提高能力和技能的重要方法。

事后行为回顾由美军设计和开发，是对过去事件进行评估的弹性方法。作为一个开放和参与式的过程，AAR 有助于我们明白:“发生了什么? 为什么发生? 怎样能做得更好”? 事后评论可以采取小组讨论的方式，以发现过去行为中许多起作用的技术和人为因素，学习到一系列重要的经验。这些经验可以是认识到的失败原因，通过小组讨论，可以改善或促进一些次级标准行为；也可以提炼出成功要素，并保持和扩展这些成功要素。

AAR把一些具有评估思维的人集中到一起，努力促进个人和组织的说明性（解释力）。这种事后评论把事件带入一种“学习环”，为将来的实践和目标提供改进的经验和依据。就像美国国际开发署（USAID）所总结的那样，AAR具有如下优点：①从各个不同的方面公正地审视事务的优缺点；②通过反馈和领悟性的批判以改善行为；③不需要评估报告就可以获得详细的资料。

在具体运用中，AAR有两种典型的类型与做法。一种是正式的，由服务商提供并有很强的逻辑支持；另一种是非正式的，通常是在事件或项目被评论的同一天发生。每一种方法都有基本的四个问题组成：计划是什么？真正发生的是什么？为什么会发生？下一次我们怎样做会更好？谈论的主题可以是技术行为、不同技术、沟通、经验教训、作用和责任、组织问题、主要影响，等等。在具体操作中，一般按照这四个问题的顺序进行。

首先，**计划AAR**。即认同要评论什么（事件、活动），认同发生了什么？谁会参加？在什么地方？决定如何使结果成为项目的核心。

其次，**准备AAR**。选择可靠的服务商（既可以是项目成员，也可以是外部顾问），制作必要的资料，提供背景和对话如何影响项目的理解，从核心团队外获得对项目的投入。

再次，**导入AAR**。争取尽可能多的人参与，也可以结合MSC方法回顾事件中的重要环节，确保通过AAR过程，围绕学习的目的，进行交流对话。在这个过程中，要求做到诚实、公正和专业。明白发生的什么事情可以促进组织改善，保留讨论记录，这样可以使信息更加可靠，有据可查，提出对改进行为的建议。

最后，**遵循AAR**。召集高级管理会议讨论AAR的发现，落实提出的建议，决定遵循的时间表，形成 AAR 的文件和经验，为下一次提供改善依据。

其实，中国古圣贤就非常重视学习过程中的回顾性复习，比如，孔子就说过"学而时习之，不亦乐乎"？从当时的情况看，或者从学习本身的角度看，好像是一种简单的重复，是学习的最基本方法，但从评估的角度看，这是一种行为回顾的评估技术。因为，即使是现代的学习、教育过程，要检验其效果，也往往采取考试的方法来评估学生的掌握程度。即使是一种简单的复习，"时习之"技术也是有针对性的，即对自己还没有掌握，记忆不牢的内容进行复习。但这一般限于知识的学习过程，对于实践中的项目运作，系统的学习行为，则需要更加有效的 AAR 技术来进行回顾、总结，达到促进学习，改进系统功能的目的。

借你一双慧眼，让你穿过迷雾，认识形形色色的假象和骗局。这不仅是从事科学研究者的必备思维和工具，也是现代社会的基本科学素养。

（本文部分资料来源：BRUNER FOUNDATION info@brunerfoundation.org）

40. 破旧才能立新

科学普及在世界文明、社会进步和科技发展过程中发挥着重要作用。文艺复兴以来，科普唤醒了人类的理智，带来了理性的光辉，从而开启了民智，引起了举世观念的重大变革。理性回归与科学实证相结合，奠定了科学精神的基石，不断引起科学革命，技术变革，产业革命，使得"资产阶级近百年创造的财富比历史上所有时期创造财富的总和还要多还要大"（马克思语）。新冠疫情防控中的事实再次说明，科普不仅是润物甘露，而且是及时雨。重视与不重视科普，结果天壤之别，形成鲜明而强烈的对比。

不久前，科普出版社（联合辟谣平台）与知乎合作，举办了一个“科学求真”讨论活动。陈君石院士坐镇，指出在互联网时代，提高公众科学素质，弘扬科学精神的重要性。他列举了互联网尤其是新媒体传播中的一些弊端及其潜在危害，我十分赞同陈院士的观点。

科学是在长期与迷信和伪科学的斗争中发展壮大的，这其实也是一个不断求真的过程。在这个过程中，不乏科学家以牺牲生命为代价，如布鲁诺、伽利略、哥白尼等，都为维护真理而进行了艰巨的斗争，有的甚至付出了生命。

中国的科普阵线历来分为正反两方面，即两条战线：一条是正面科普，传播各个学科、行业、领域、前沿的科技知识和成果；另一条是反对迷信和伪科学，是纠错式、反伪破迷式科普，这条战线同样很重要。改革开放以后，曾经有一段时期，因为反伪破迷工作没有做好，或者说是缺位，使得一些迷信和伪科学事件泛滥，到处都是神功异能人士，通天教主满天飞，影响了社会的稳定。当时就是因为一些媒体为了博眼球，刊登一些缺乏事实依据的神秘人物和事件，一些所谓的重大发现发明，如水变油、永动机、W 型浅水船等[①]。虽然，出现此类现象有当时的社会背景和历史原因，但与我们科普战线的缺位不无关系。典型的表现就是“严肃的科普内容没处刊登，无神论无人讲，有神论很猖狂”。这个阶段发展到后来，严重危害了人民群众生活，给社会上的人民群众，造成了极大的伤害。

在互联网飞快发展的新阶段，人人都是媒体人，人人都是传播者，很多社会上的写手，打着科技传播和科普的幌子，传播一些虚假

① 孟东明，祝永华.科学误区[M].长春：吉林科学技术出版社，2000.

信息和伪劣科技,以吸引眼球和博得粉丝点赞。因此,处于新发展阶段的今天,我们更加需要理性的光辉照耀,增强识别能力,不为一些似是而非的信息迷惑,不为利诱而被骗,不为迷信而迷失。

科学理性精神,既是科学素质建设的基础表现,也是识谣辟谣的治本之途。要充分建好科技辟谣平台,发挥平台的作用,以起到拨乱反正的作用。比如,在应急突发事件发生的情况下,谣言的传播会给大家带来思想上的混乱,导致错误的选择,失去正常的应对时间,严重的会造成人民生命财产的损失。在新冠疫情期间,科普中国的辟谣平台发挥了很重要的作用,起到了国家权威科普平台的应有作用。另一方面,从现实情况来看,网络传播的信息,不仅碎片化严重,而且真假难辨,极大地迷惑了公众,污染了互联网环境。要真正避免上当受骗,从根本上看,需要提高公众的科学理性精神,尤其是质疑精神和原理意识,遇到真假难辨的信息,延缓做决定,让子弹飞一会儿。随着科技的快速发展,尤其是智能化科普的出现,一些前沿的科技成果需要转化为科普资源,向公众进行传播普及,但公众专业知识有限,可能难以辨认,需要科技共同体专家参与,协同管理,互相支撑,才能有序发展。

为此,我们应该加强对伪科学及传播特征标志的研究,为智能识别提供技术支撑;加强媒体、科学共同体、政府主管部门的合作,成立团队,形成机制,及时阻断伪科学、虚假信息、迷信等内容传播;建立应急科普响应机制,保障科普传播内容的及时性、科学性和有效性。

41. 创新思维及实现

当今时代,无论国与国之间的竞争,还是企业之间的竞争,甚至是人与人之间的竞争,越来越取决于创新的力度、人才的厚度和思维的高度。新时代创新思维与实现创新价值一定程度上决定了竞争的胜败和发展的效率。

一、创新是创造性思维的结晶

无论是从创新概念的内涵，还是从创新的行为及价值实现来看，创新是一种创造性思维的结晶。政治经济学家约瑟夫·熊彼特（Joseph Alois Schumpeter）认为："创造性思维是指以独特的方式综合各种思想或在各种思想之间建立起独特的联系这样一种能力。"中国社会科学院张家龙研究员认为："这种思维是人们自觉地、能动地综合运用性和开拓性成果的一种思维。"此外，还有人将创造性思维定义为"能对事物有新的认识、新的判断，或者设计出解决问题的新方案、新途径的思考能力"以及"具有新颖性、能解决某一特定需要（目的）的思维过程及功能"等。无论何种定义，其诠释创新的本质是一致的，即创新源于创造性思维方式。创造性思维是人类创造力的核心和思维的最高级形式，人类社会的进步与发展离不开知识的增长与发展，而知识的增长与发展又是创造性思维的结果。提升创新能力就是需要培养创造性思维方式。综合诸多研究，创造性思维丰富多样，本文仅从思维的角度来理解创新的本质。

（一）创造性思维是一种评估思维

世界是不断变化的，客观事物的内在因素或外在条件随时可能改变，从事科技创新性活动强调开拓创新和与时俱进，这就需要评估思维去审视变化的形势。第一，评估思维是系统有效运行的重要手段，只有通过评估，才能形成反馈学习环，实现价值增值链。第二，评估思维在一定程度上反映一个人的科学素养，有了这种思维，可以在面对问题时，不迷信、不盲从。第三，评估思维（Evaluative Thinking，ET）是一个内在的反射过程，一种解决"创造性张力"——即在实际结果与预期结果之间存在的差距——的方法。这种方法使我们能够界定想要学习的经验，决定用什么方法来获取这些经验，并设计一个系统来运用这些经验以改进我们的行为。评估思维超越了监测评估的时间和活动限制，是为了改变而学习的过程，通过学习，影响行为本身。由此而言，评估思维是一种创造性思维，是一种批判性思维，也是一种建构性和创新型思维，是实现创新的工具、技术和路径。

（二）创造性思维是一种批判思维

根据恩尼斯的定义，批判性思维是指理性的、反思性的思维。通俗地说，批判性思维就是批判性思考，是一种对思维的反思[①]。那么，如何理解创造性思维是一种批判性思维呢？首先，批判性思维过程中需要创新。批判性思维的核心任务是判断和论证约定公认的原理和结论是否存在局限性、片面性，甚至谬误，敢于提出新的假设和判断。这个判断和论证是经过多方面思考、探索、比较、分析、综合之后而得出的理性“批判”，所以说，批判性思维过程自始至终需要不同常规的创新性思考。其次，创新过程中需要批判思维。无论是发现新现象并提出新问题，还是发现新问题并尝试解决，都需要批判性思维去怀疑和批判已知的观点和自身提出的新假设、新推断，通过反复的科学实验去剔除不合理的假设和条件，运用批判性思维中的逻辑原理与方法，分析预期假设是否合乎逻辑，检验实验方法是否可行以及实验结果在多大程度上会支持新假设，等等。批判性思维是获得新知识、发现真理的必要思维方式。在人类社会日新月异的发展过程中，科学技术出现了划时代变革，总是离不开批判性思维所引发的

① 理查德·保罗，琳达·埃尔德.思辨与立场：生活中无处不在的批判性思维工具[M].李小平，译.北京：中国人民大学出版社，2019：65.

“颠覆式创新”的推动。

（三）创造性思维需要质疑精神

质疑源于好奇心和批判性思维。马克思主义认为，事物一直处于不断变化之中，认识客观世界就要用发展的观点去不断认识和接近事物的本质、发现新规律。在科学活动中，拥有质疑精神就是要学会怀疑一般性结论和所谓的常识，大胆提出疑问，敢于作出新的解释并利用新的发现去解释和改造世界，实现新的发展。诸多事例无不表明这一点，正是哥白尼对“地球中心说”的质疑，才推动了“太阳中心说”的确立。也正是由于托马斯·扬的勇敢质疑，对“科学权威”牛顿提出的“光是由一道直线运动的粒子组成”的“微粒子学说”产生疑问，并通过科学的求证，最终才使“光的波动学说”被世人所接受。由此可见，质疑精神往往是创新的起点，一切科学发现都是从质疑开始的。质疑约定俗成的事实因何得以成立，质疑为何事物运动的方向非彼即此，质疑实验的条件、方法是否存在绝对性，等等。创造性思维的内核就是质疑精神。

二、创新的主要范式和路径

创新具有一定的范式和路径。创新不是简单的口号，不是形而上的思辨，而是一种实践，至少是基于理论、反思、行动的过程。结合前期研究，将创新的主要范式和路径概括为以下五种：

（一）学思行合一的创新模式

创新主要靠的是人的主观能动性，而学思行又是其中之要，没有博学、深思和笃行，欲创出“新”来是不可想象的[1]。中国先贤历来强调学习的重要性，指出学习有很多种路径。既可以在亲身实践的体

---

① 刘志迎.中国创新50人笔谈[M].合肥：中国科技大学出版社.2019：256.

验中学，也可以在“以史为鉴”的反思中学，还可以在琢磨他人教训的顿悟中学。综合不同学习路径，本质上要求学习与反思相辅相成，二者不可偏废，所谓“学而不思则罔，思而不学则殆”。然而，实现创新，仅靠学思结合是无法达到的，因为学思仅仅停留在理论阶段，要达到创新的目的，还要跟实践相结合。“纸上得来终觉浅，绝知此事要躬行”，这就说明了实践的重要性。创新离不开实践，因为创新必须具有价值理性，简单说就是一种价值增值、体现和实现，这也是熊彼特所提出的创新本质。综合而言，学思行相结合才能做到创新、实现创新，是创新的一种重要模式。

（二）基于流通和运用的创新

既然知识和理论源于实践，那么，就需要在实践中得到运用和发展。显然，从知识学习的角度看，最有效的途径是教学相长。据美国有关研究发现，在众多的学习路径中，通过教别人所得到的学习效果最好，效率最高。这从经验的角度来看也是成立的，中国有句俗话就是“要传授别人一碗水的知识，自己就需要拥有一桶水的容量”。这里的传授实际上就是一种知识的流通与运用，而且这种流通可以实现知识在个体与个体、个体与组织、组织与组织之间的隐性与显性交替转化，并在转化中实现知识的运用，激发不同程度的创新，也就是日本学者野中郁次郎提出知识流动中的创新模型，即SECI模型。具体而言，知识有不同的形态，很多意会知识只有通过流动和运用，才能真正被掌握，这个过程就是在运用中创新。之所以在流通和运用中能够创新，原因是在使用中不自觉地在进行一个评估和反馈的过程。比如在表达中会发现自己的不足与不解，反过来就会针对这种不足去继续查找资料，进行学习。其效果或者是通过进一步学习，提升了自己的能力和知识水平，或者结合实际进行了创新，或者将一些隐性知识显性化。从技术角度看，所谓在使用和流通过程中的创新，其实就是引进、消化、吸收、再创造的过程。

（三）基于价值增值的创新模式

市场经济中，企业为了获取更多的利润，会想办法在生产过程中创造更多价值，以此实现价值增值。那么，要实现价值增值，除了控制成本之外，另一个方法是进行各种创新，改进工艺技术和管理制度，其中涉及对生产要素资源的重新配置和更有效利用，也能提高生产要素创造价值能力，即价值创新[①]。价值增值是企业开展创新活动的主要动力，也是企业创新的主要模式。然而，从广义角度而言，这一模式不仅适用于经济领域创新活动，也适用于其他社会领域的创新行为，即以价值增值为目的，整合系统，重新配置资源，不断提升系统运营的整体经济效益。由此而言，最大的价值增值就是制度创新。在中国一直倡导改革开放，改革的实质就是要改变不适应市场经济发展、不适应生产力发展要求、影响效率提高和价值实现的体制机制；而开放就是要让社会系统的能量、信息、物质要素在更大的范围内进行流通、交换和应用，目的就是要提高效率，实现价值增值。同样，实现制度创新为所有的企业价值增值创造了条件，但系统本身是由元素、子系统等要素构成，具有结构性、层次性、整体性和动态性的特点。要实现效率提高和价值增值，还需要系统自身功能的改善。所以，实现结构优化、经济转型和模式转换，核心也是为了提高效率，是基于价值增值的创新。

（四）基于理论发现的创新

理论源于实践，同时也指导实践，一个新理论的发现会推动实践

---

① 刘志迎.中国创新50人笔谈[M].合肥：中国科技大学出版社，2019：256.

的发展。理论创新在经济社会发展的各个领域一直扮演着重要角色。理论创新是最根本的，具有基础性、长期性和全局性。从世界范围来看，最大的发现莫过于日心说的确立，颠覆了几千年来人们对太阳系的固有认识，使得人类社会从神本位转向人本位，以致后来发生了一系列的革命运动，并以宪法、宣言等形式把理论成果运用起来并加以巩固。这种理论创新最有可能形成政治制度，进而影响经济制度，实质上也是制度创新的过程。最典型的案例就是，美国南北战争以后，美国各州签订了独立宣言和人权宣言，英国签署了大宪章，法国发生了大革命。正因为在政治理论上进行了如此“颠覆式创新”并被世人所接受，才为西方国家进入现代社会奠定了重要的基础。

（五）基于评估的创新路径

“评估”行动无处不在，每个人或组织在付诸行动之前的决策就是评估的过程。评估主要为学习和改变提供科学的依据，为管理决策提供事实支撑，为系统创新提供一个反馈环。没有评估和反馈的过程，无论是机械系统、自然系统，还是社会系统，都不能有效地实现“改进和提高”的良性循环。评估思维是在长期的评估实践中形成的，对事物进行审视、度量、判断和决策的行动模式。之所以将评估作为创新的一种路径范式，是因为创新需要对多种方案和可能实现的路径进行评估和论证，分析其环境条件和影响因素，权衡其资源能力，以作出合理预期并选择最佳行动方案。这一点在数学建模过程中有明显体现。拿典型的放射性废物的处理问题来说，美国原子能委员会（现为核管理委员会）在处理浓缩放射性废物时，打算将废物放入密封的圆桶中，然后扔进深海里，这种做法安全吗？显然，论证其安全性需要建立合适的数学模型，通过模拟运算的结果去评估安全与否。那么，这种数学建模、测算与评估乃至实际应用过程就是一个不断探索求证的创新过程。在科学活动中，尤其在探索性实验中，需要对研究对象本身和研究条件进行系统准确的评估，很多时候能否实现创新以及创新程度如何，往往取决于其评估系统的科学性、系统性与严谨性。

三、创新实现的关键因素

（一）创新需要理性与实证精神

回顾历史，凡是思想自由的年代，就一定是百家争鸣、百花齐放的年代，新思想就会不断产生，这从中国的春秋战国时期和西方的文艺复兴时期，都有很好的例证。抚今追昔，当今时代要产生创新思想，首先需要思想解放，至少需要在思维方式上推崇理性与实证的精神，即科学精神的价值内核。理性包括价值理性，即先进、有用、唯物、基于事实；实践理性，即可行、有效、对多数人有益。就现实而言，现代科学研究过程中之所以能取得不断的创新与突破，均体现了这种精神追求。当今中国已经进入发展的新时代，为了适应科学以及社会的发展需要，进一步释放与激发我国科技创新的活力，需要大力做好科学教育、传播与普及，通过科普使科学精神发出应有的时代强音。以长远计，我们认为，作为一种价值观体现的科学精神应该纳入科学文化的建设体系进行系统性、持续性培育，使国家迸发出持久性创新活力。

（二）创新需要知识流动和交换

在当代知识和技术驱动型经济条件下，知识流动和直接投资的地位同等重要。区域间的知识流动，不仅能够促进知识共享，更是提升区域竞争力和经济效益的重要策略。知识流动的内容包括了技术流动和人才流动。要实现创新，必须构建促进技术流动和人才流动的体制机制，促进人尽其才、物尽其用。一方面，各类创新组织内部应该基于互联网建立知识共享与交易的平台，促进内部个体与个体、个体与组织之间的知识流动和交换，加快隐性知识的显性转化。另一方面，大力发展公共性知识交易的平台和通道，尤其围绕互联网时代开放式创新的实际要求，加快跨地域、跨学科、跨组织的知识产品共享、合作、交流和交换的平台建设，促进知识的外部化与整合。此外，人才作为创新的核心要素，促进人才的流动就是需要进一步破除地方影响人才流动的各种限制与壁垒，以城市群发展为纽带，引导区域构建协同创新体系，鼓励地缘相近、文化相通的区域构建人才合作模式，在社会保障、住房、税收等方面实行统一政策，降低人才流动的成本，促进各类人才自由流动。

（三）创新需要严格的产权保护

从大的方向而言，知识产权与社会各领域都有着紧密的联系。在中国进一步扩大对外开放力度的新时代，知识产权的保护不仅关乎中国作为负责任大国的担当，更关乎中国经济的发展质量和国际竞争力。就个体而言，知识产权的保护是对创新主体的认可与激励，是保护其必要经济收益的有效手段。保护知识产权为科技人员的创新发明解决了责、权、利诸多方面的问题，为其赢得技术和市场的“制高点”争取了主动，使他们的劳动得到了回报，权利得到了保障，科技创新的积极性也会不断高涨。现实的问题是，随着虚拟经济的发展，互联网产业日渐繁荣，知识产权的无形性、虚拟性、无国界性特征更加明显，网络侵权问题时有发生，知识产权保护面临新的挑战。为了适应新形势，2018年8月，国家知识产权局出台了《“互联网+”知识产权保护工作方案》，提出了“互联网+”时代深化知识产权保护的基本框架。基于现实，未来除了需要加强知识产权数据库建设，以及基于互联网、大数据、人工智能等技术，提升侵权行为的在线识别、实时监测、源头追溯能力之外，在知识产权指导、管理和执法等方面需要探索跨地域与跨部门的协作机制，构建线上线下一体化监管和治理体系。同时，建立知识产权保护管理基金，引导和支持各行业在知识产权领域“抱团结盟”，成立知识产权行业联盟，进一步规范行业内知识产权的申报管理和交易合作，提高在国际社会领域的知识产权保护以及针对侵权的维权能力。

（四）创新需要提升公民科学素质

科学素质决定人的思维和行为方式。一个国家的整体公民科学素质决定了社会崇尚科学、参与科学和应用科学的氛围。在“大众创业、万众创新”的时代，公民科学素质水平在某种程度上决定了社会整体创新的潜能，影响国家创新发展战略的实施。提升公民科学素质首先要大力发展科学教育事业，借鉴西方国家STEM跨学科、融合式的科学教育模式，创新相关的人才培养的考核、选拔机制，提升我国科技创新人才培养的质量和规模。其次，在互联网时代，提升公民科学素质需要大力推进科普创新，包括科普理论、科普模式、传播媒介、传播内容形式、效果评价等多个方面。充分利用信息化和智慧化的技术条件，既要加大传统科普场馆、科技博物馆等科普设施数字化建设和投放力度，又要发展以互联网、广播、电视为主要媒体的科普平台，加强供给侧结构性改革，提升科普内容质量，开发有针对性的科普服务，进一步提升重点人群科普服务的精准性，解决当前科普服务与社会需求之间不均衡、不充分的问题。最后，加强科学与媒体、科学与社会之间的互动。一方面，鼓励科技工作者投身科普活动，与媒介合作完善科普内容的生产机制，确保内容的科学性和传播的有效性。规范各类媒体尤其是网络自媒体的科学传播活动，加强对伪科学、反科学内容传播的追溯机制和惩戒力度，提升科学传播的严谨性。另一方面,发挥媒体在促进公众理解科学和参与科学中的作用,为公众提供传播和互动平台,提升公众参与科技决策的能力和积极性[①]。

42. 创新发展需要科学普及

新时代,创新发展是我国的重要战略,科学普及成为创新发展的重要一翼。习近平总书记在2016年5月30日的"科技三会"[②]上高瞻远瞩地指出:"科技创新、科学普及是实现创新发展的两翼,要把科学普及放在与科技创新同等重要的位置。没有全民科学素质普遍提高,就难以建立起宏大的高素质创新大军,难以实现科技成果快速转化。"这一重要指示为新时代科普事业发展进行了明确定位,指明了方向,极大地增强了广大科普工作者的信心和活力,也为我国创新发展指出了正确的途径——只有两翼齐飞,才能行稳致远,鹏程万里。

从实际情况看,根据中国科普研究所的研究,党的十八大以来,我国的科普事业呈现出加速发展态势,"两翼理论"(即"科技创新、科学普及是实现创新发展的两翼"的科学论断)开启了科普事业的春天,为创新发展注入了新动力。铸强科普之翼将为建设创新型国家和世界科技强国奠定强大的高素质人力资源基础,为建设人类命运共同体培育丰厚的科学文化土壤。但是,从现实看,我国的科普工作与发展的期望、国家的需要、人民的需求、社会的期待相比还有差距,尤其是还没有真正使"两翼理论"和"同等重要论"落地生根,创新发

① 王明,郑念.基于行动者网络分析的科普产业发展要素研究——对全国首家民营科技馆的个案分析[J].科普研究,2018(1).

② 指:全国科技创新大会、中国科学院第十八次院士大会和中国工程院第十三次院士大会、中国科学技术协会第九次全国代表大会。于2016年5月30日在北京召开。

展的两翼还处于极大的不平衡状态，需要从认识上、理念上、政策上真正把科学普及放在与科技创新同等重要的位置。

首先，提高站位，加强顶层设计。各级政府要提高认识，在制度安排上真正“把科学普及放在与科技创新同等重要的位置”，制定落实“两翼论”的规划、政策和措施办法。自从“两翼论”提出以来，有关部门一直在探索具体的落地措施，目前，中央办公厅、国务院办公厅已经印发《关于新时代进一步加强科学技术普及工作的意见》（简称《意见》），对新时代的科普工作进行了全面安排。《意见》不仅把科学普及与科技创新同等重要作为科普发展的理论基础，而且从政策层面对科普工作的定位、内涵、功能、社会责任、能力建设、生态构建、国际合作等各方面进行了新的规定，是新时代科普事业发展的遵循。《意见》与《全民科学素质行动规划纲要（2021—2035）》将成为今后15年科学技术普及工作的纲领性文献，必将促进科普工作的高质量快速发展和公民科学素质的稳步提高，为创新发展奠定厚实的科学素质和高层次科技人才根基。

其次，要正视存在问题，切实落实科普的责任。这就要求各级各部门不仅在认识上把科普作为创新发展的重要一翼，还要在行动上真正把科学普及放在与科技创新同等重要的位置。从实际情况看，科普工作是公益事业，不能马上见到经济效益，提高GDP的比重，甚至不能计入政府的政绩，而且科普见效的周期较长，是基础性的工作，润物无声，一些领导有可能就会说起来重要，干起来次要，行动上甚至是不要。

第三，科普是全社会共同的责任，但落实起来还存在一定难度。尤其是科普工作本身还存在一系列的问题。一是科普系统与其他系统的分离割裂问题，典型的表现是，科研与科普分离、科普与教育分离、科技与文化分离等；二是科普系统内部的分离问题，如科普事业与科普产业、科普需求与科普供给脱节，硬件与软件不匹配等问题；三是过早学科分科的学制安排与科学素质建设的矛盾；四是科普责任与价值认同的矛盾。

因此，各责任主体应当完整、准确、全面贯彻新发展理念，倡导大科普观，加强部门统筹协同，加强资源有效衔接，推动科普全面融入经济社会建设，融入服务新发展格局，构建新时代科普生态，聚焦重点人群和基层发力，确保如期实现公民科学素质建设目标，为全面建设社会主义现代化国家提供有力支撑。

第四，创新科普机制，强化科普工作职能。加强引导广大科技工作者投身科普，创新方式方法，提高整体效能，面向公众深入开展科学精神、科学家精神、创新能力、批判性思维的培养培育。加快构建品牌、平台、机制、队伍、改革、阵地"六位一体"高质量科普服务体系。充分发挥科协组织优势，完善四级联动基层科普组织动员体系，发挥科协系统、全国学会和地方科协"一体两翼"的组织优势，开展平战结合的科普实践活动。

第五，深化供给侧结构性改革，提升科普公共服务能力。积极引导科技工作者和社会力量创作科普科幻精品，推动优质科普创作行动计划，向全社会提供更多优质科普资源。推进现代科技馆体系建设，扩大科技志愿服务规模，完善基层科普组织动员和服务体系。积极打造中国特色新型科普智库，加强科学素质建设战略规划、政策研究和监测评估，为科普工作高质量发展提供优质决策咨询服务。持续推进科学辟谣平台建设，有力促进清朗网络空间、提升全民科学素质。

第六，拓展开放合作，加强国际科技人文交流。积极推进世界科技组织的建设和落地中国，以民间国际科技交流共筑对话平台，增进与国际科技界的开放、信任、合作，促进民心相通、文明互鉴，服务全球可持续发展和人类命运共同体建设。聚焦人类可持续发展面临的共同挑战，加强科技界与教育、媒体、文化等领域的科技人文交流，深化与“一带一路”沿线国家的科普资源共享合作，加强机构间的交流合作，输出科普和科技传播的模式和经验，共同应对国际面临的气候、环境、能源等大问题。依托科普场馆、学会及地方社会组织等开展国际学术交流和培训活动；深化国际及中国港澳台青少年科技教育交流；做强“一带一路”青少年创客营与教师研讨活动品牌，巩固“一带一路”国际科学教育协调委员会伙伴关系网络，积极开展中国港澳台大学生实习体验交流等活动。

第五章　不上当的思维

相信天上掉馅饼和无中生有的奇迹，都是不劳而获的思维在作怪。骗子们往往利用人们的这些思维误区达到自己的目的。只要我们具有怀疑思维、批判思维、评估思维，就能做到不轻信、不迷信、不上当！

43. 眼见不一定为实

人们常常认为，自己亲眼看见的事情就一定是真的，也就是说“眼见一定为实”。其实不然，且不说社会上的种种造假现象，魔术师掩人耳目的表演，就是自然界也有很多事物是以假象呈现出来的，最有名的莫过于变色龙，它会随着环境变化来改变自己的颜色，以麻痹敌人，巧妙地逃生或捕猎。很多神秘现象只是我们未能揭示出秘密，未能识破其假象而已，犹如魔术师的无中生有，其实都在使用障眼法，并不是魔术师真的能够变出各种东西来。

在科学研究中，如果没有一番去伪存真，由表及里，透过现象看本质的功夫，也会被假象蒙蔽，得出错误的结论。而有些伪科学的鼓吹者、神功异能之士，更会利用各种手段刻意表演，一般人是难以识破其秘密的。更不用说，社会上还有一些骗子，利用人们的各种心理，运用各种技巧，进行欺骗，以获取钱财和名望。

相信“眼见一定为实”而被欺骗忽悠的情况，在 20 世纪末最为泛滥。在上当受骗的人中，有的是高级干部，有的是身经百战的将军，有的还是著名的科学家。由于他们的相信和宣传，老百姓也就跟着信以为真，更加放心地相信那些神秘人物的神奇功能了。于是，神州大地上的一些地方大师横行，各种带功演讲、报告、培训班，甚嚣尘上，着实让一些信奉“眼见为实”者佩服而拜倒在门下。

其实，这种靠表演来吸引人眼球的情况现在也并不少见，只不过当人们具备理性思维，或者社会崇尚理性思维的时候，表演者不易骗过观众。互联网时代，这种表演又开始出现并呈现出“兴旺”之势，尤其是结合视频（可能是伪造的），给人一种“有图有真相”的感觉，更具欺骗性。几年前的伪气功大师王林已经去世，新一代的“王林们”“功力”还不是很大，由于一时不至于造成大的伤害，可能尚未进入人们的视野。但值得警惕的是那些超自然现象的鼓吹者，他们“亲眼”见到一些科学难以解释的现象，或者宣称自己就具有超自然能力，或者具有魔术师般的表演技巧。他们经常说，宇宙中存在某种超自然力量，人们至今没有发现，科学也不能解释。因为一般人看不见摸不着，只有具有特殊能力的人才能与之沟通，人类的命运就掌握在他们手中。听起来颇有道理且符合逻辑，你若怀疑，他可以当场展示他的能力，比如能看出你的前世今生，甚至下辈子的情况；比如能够把有变无或者把无变有；比如可以腾云驾雾、穿墙而过、腾空飞跃等。

尽管我国大多数人是坚定的唯物主义者，相信“幸福是靠奋斗得来的”，天上不会掉馅饼，但是，由于一些人总是过分相信自己的眼睛，不同时代总有一些人利用人们的各种心理，通过各种表演技巧，让一些相信眼见为实的人目睹其表演，以相信他们的能力。随着科学技术尤其是信息技术的快速发展，这些人也搭上了便车，他们的骗术和宣传技术也得到了很大提高。他们为了壮大自己的信徒队伍(现代语言叫"粉丝"),在说服的技巧和手段上也有了很大改进。他们或者利用科学的语言进行包装,比如,他们说现代科学理论(发现)证明,灵魂是一种物质,人死以后只是物质形态转化了,从有形物质转化成一般人看不见的无形物——量子(但研究量子力学的人可以看见,甚至可以操作控制);他们说,佛学是最高级的科学,量子理论的最新进展早已在佛学中有所说明,人是有灵魂的,量子就是这种灵魂的承载媒介。于是,神灵鬼怪的存在又有了可信的"科学依据",一些地方就出现了神蟒渡劫、死人复活、灵魂转世等神奇故事。为了使人相信,他们往往有照片、视频,总之是"有图有真相",还有著名人物坐镇,甚至还有著名科学家背书。在这种情况下,不用说普通老百姓,就是科学研究人员也不敢出来澄清。而一些具有怀疑精神的人也会说,我亲眼所见,亲历其境,眼见为实啊。实际上,即使在科学研究中,也有很多假象迷惑着人们的研究,历史上出现过比如N射线,现在也有韩春雨事件,所以相信眼见为实的人们需要特别谨慎,最好不轻易相信,至少要推迟做出结论,最好持有怀疑态度看待这些人和事。

44. 博傻之"皇帝新装"

记得上初中的时候,语文课本中有一篇童话故事,题目叫皇帝的新装。说的是两个骗子来到皇宫,声称自己能够做世界上最漂亮的衣服。为此,骗子要求皇宫提供各种便利条件、原料和报酬。但是,到了交货的时候,骗子告诉皇帝,这种新衣服只有聪明人才能看到,蠢笨的人是看不到衣服的。于是,无论是皇帝还是大臣,官吏还是平民,谁也不承认自己看不到衣服。因为,一旦说自己什么也看不见

(实际上是什么也没有),就说明自己比别人笨,也就不配做皇帝,不配当官,甚至不配做臣民。结果,皇帝就穿着“衣服”上街了。突然,一个小孩大声喊道:“皇帝什么也没有穿啊”,紧接着大人们也开始嘀咕,是啊,皇帝没有穿衣服啊!人群开始躁动,皇帝有点儿发抖,因为他觉得百姓们所讲的话似乎是真的。不过他心里却这样想:“我必须把这游行大典举行完毕。”因此他摆出一副更骄傲的神气。他的内臣们跟在他后面,手中托着一条并不存在的后裙。

这个童话故事中,骗子之所以得手,是利用了人们的“好胜心”或中国人所谓的面子,因为谁也不想承认自己是傻子。从思维的角度看,这是一种博傻。博傻的本质是一种非理性思维,在股票市场或任何博弈场合时常可见,总希望有比自己傻的人用比自己出价更高的价格来接手。其实,不仅是市场博弈上存在博傻情景,在社会生活中也常见类似场景,一些人明显发现了存在的问题,而且问题十分严重,但由于怕得罪人,或者希望别人来指出问题,自己躲在后面获利。这样做既避免了得罪人,又避免了“枪打出头鸟”的结局,既避免了车毁人亡的困局,又获得了搭便车的利益。在经济发展过程中,搭便车的人很多,在改革进程中,也有很多“随大流”的获益者。

为什么会出现这种情景呢?市场上的博傻往往是行为者知道风险所在,甚至知道自己的想法或做法不对,却还宁愿选择侥幸,希望自己不是那个倒霉鬼。社会生活中的“面子思维”,则是一种避祸心理,或者是老好人文化,实质上也是一种博傻,自己不愿意充当“傻子”,而希望别人来当傻子。现实中的例子不在少数,比如,给领导指出缺点,一些领导往往当面说表扬的话,背后则给批评者小鞋穿;如果评价同事说真话,遇到年终评选、互相打分、评比的时候,讲真话的人往往得低分。他们无论工作成绩多突出、表现多好,由于“得罪人”

太多，往往得到差评。这种情况一旦形成文化就必定会阻碍创新、阻碍进步、阻碍良性发展。眼下一些单位存在的“内卷”或“躺平”在一定程度上也是缺乏创新文化的结果，不是拼优取胜，而是拼自己不是最差的那个，这样就不可能有优秀成果出现，结局只能是“劣币驱逐良币”。这种企业的最重要特征是稳定，可能没有人员流动，也没有劣汰机制，甚至可能还有“铁饭碗”的优势，一旦经济不景气，还不至于失业，这也是能够躺平的重要条件。

在建设创新型国家、实施“大众创业、万众创新”的新时代，只有通过正确的思维，比如评估思维，把真实信息反馈给单位或个人，才能形成不断修正错误的闭环，形成创新文化，促进创新实现。这种创新文化不仅可以使企业发展得越来越好，也可以使同事避免重复犯错误，使个人不断进步。这种创新文化既是市场经济发展的基础，也是科学文化的内核，更是社会主义核心价值观的体现。

博傻思维与诚信文化背道而驰，不可能形成良性的运行机制，也难以推进系统创新和改善，更不可能形成一种科学理性的文化。我们经常嘲笑那些实行民主体制的企业，因为他们经常“吵架”，经常有不同意见，经常“效率低”，有时彼此之间甚至难以达成共识，不能快速形成决策。但是，从正确思维的角度看，要用正确的方法做对的事情，只有方向正确，才能谈得上效率高低，如果方向错误，决策越快，实施效率越高，出现的错误也就越大。与皇帝的新装相似，现实社会中还有很多“副产品”。一是，在平时，一些人为了拍马屁，为了给别人“留面子”，为了日后好见面，也会经常“看不到”缺点，导致问题越积越多，越积越大，最后形成“裸奔”；二是，与博傻相反，很多人太过精明，但聪明反被聪明误，最后大家共同受损失。大家都在同一条船上，漏船不补，一遇到风浪，也就难免共同沉底；三是，投机取巧得一时之便宜，但习惯成自然，形成了一种非科学、非理性的思维和行为习惯，最后，虽然身居高位，却身陷牢笼，遗憾终身。

45. 看相算命的奥秘

扑克牌算命是一种简易的算命方式，年轻的朋友们很爱玩，并被一部分人认为"很神奇"很准。其实，与其他算命方式一样，结果的关键是解读。如果解读的人高明，他就能让你觉得算得很准。不管用什么算命，比如看手相、面相、抽签、易经八卦、看八字等，其关键都在于解读人的技术水平。有经验的解读者，从你的神情、穿戴、情绪、关心询问的问题，就能判断出大概，而在语言表达中又总是模棱两可，具有模糊性，找其算命的人则大多具有自动对号入座或主动对号入座的心理需求，这就是你认为解读很准的原因。

国际探索中心（Center For Inquiry-Transnational）的研究人员，对各种超自然现象、神秘现象，包括算命术进行了广泛研究，并用科学的语言进行了解说，以揭示"准"的原因。比如，前面提到的解读术中有一种技术被称为"冷读术（cold-readings）"，就是一种很有技术含量的解读术，被认为"很准"。该中心的工作人员苏珊·布莱克摩尔，是一名"具有8年用纸牌占卜经验"的"通灵者"，她对使用纸牌进行人格解读的准确性进行了研究。她发现，当"面对面"算命的时候，被试者认为算得非常准确[①]。这是因为面对面的时候，可以直接冷读。

冷读术是最吸引人的效果之一，不仅使被读者相信读的人（reader）具有超自然能力，还能让读的人认为自己确实有超出一般人的能力。我的老师巴里·贝叶斯藤（Barry Beyersten）和吉姆·艾尔

---

① 特伦斯·海恩斯.伪科学与超自然现象[M].郑念，译.上海：上海交通大学出版社，2018：46.

考克(Jim Alcock)是超心理学家,他们是研究人们为什么相信异常现象的教授。巴里曾经告诉我,他有一个朋友对看相很感兴趣,并且这个朋友相信他真的可以从人的手掌纹路上看出一些惊人的信息。

冷读术可能与江湖医术一样古老。在冷读术中,冷读者从一些“例行话题(stock spiel)”开始,这是一套普适性的陈述,适用于每一个人。因为,大多数人的麻烦都离不开三类——性、钱或健康——冷读者已经对来访者的问题性质有一些基本想法。当然,在一定程度上,问题的性质可以通过仔细观察人的年龄、说话的方式、穿衣的风格和体貌特征来进行推测。如果来者是年轻人,健康问题可能不会成为来咨询的原因,性或者个人麻烦非常可能是来访的原因。如果来者是大学生,关心分数就有非常大的可能性——这个在事先聊天的时候很容易被确定,另一个极其有用的信息来源,可以注意一下佩戴的校徽或一些组织的纪念章。

在很多情况下,通过仔细观察来人获得的信息,可以被用来引导冷读者指向最可能的问题领域。例如,如果一位妇女穿着昂贵衣服、带着许多珠宝走进来,钱很可能就不是她要谈论的问题。老年人更可能有健康问题(也可能是下一代的问题),而且这方面的许多信息可以通过观察来访者来发现——帕金森病的颤抖、关节炎导致的跛行、中风导致的麻痹都可以被预先观察到。

做一个练习,把你自己放在冷读者的位置上,来看看面对如下情况会怎么反应:一个相貌英俊、穿着考究的中年男子走进来。在之前的随意聊天中,你了解到,他来到镇上做生意有一个星期左右,你还注意到,在他戴戒指的手指上有块白斑,你的结论是什么呢?

学生们通常会回答,这个伙计最近已经离婚了,因此不再戴结婚戒指了。这是逻辑上的反应,而且有可能是对的,但是还有另外一种不太光彩的可能性：也许这个男子趁离开妻子时在胡搞，而且那是他为什么没有戴戒指的原因。你如何告诉我们哪一个是真的，或者是否两种情况都是错的？（毕竟，他的妻子可能最近去世了）要发现真相也很简单——你用一种他意识不到的方式询问，并且他也意识不到他已经告诉你信息。在随后的看人算命中，你把他给你的信息反馈回去，他可能会被你的超能力所震惊。

对于冷读者来说，一个很有效的信息来源之一是，对问题模棱两可的陈述。例如，你可以说这样一些事情："我看你最近的生活不太如意"，在句子的结尾像询问一样用升调。由于音调变化，受害者几乎总是将其当成一个问题看待。他可能会坦率地回答："是的，我的妻子刚去世"，或者"上个月我的妻子和我分开了"，或者这个回答可能更加微妙并几乎是无意识的——比如点头。即使是这样微妙的回答，你也会确信，你的思路是对的。如果你得到的是困惑的眼神和摇头，你就会知道，你猜错了。他最近没有遭受失意，所以你更有可能做出他是"鬼混"的假设。这时，不要做出结论说："我看出了你对你妻子不忠。"

在冷读中，永远不要做过分肯定的陈述，这本身就是一种技术，如果不掌握这一点，则很可能不仅得不到"看得准"的肯定，还可能挨揍。此外，来访者可能会开始怀疑，你是如何获得这些特定信息的。因此，要让信息变得有点模糊："你的精神状态显示，你对生命中的女人并不完全满意。"注意，在这里你不会说"你的妻子"。因为含糊不清，你在保护自己：毕竟你可能是错的。也许他的妻子确实真的去世了。如果你说"你的妻子"，你就没有给自己留余地了。

在任何情况下，当你做出评论并观察来访者（问前程、解疑惑、算命等）的反应时，你会了解更多。假设来访者的反应是叹息和点头，这就表明“鬼混”的猜测是对的。但是，不要做具体的陈述，尤其是肯定性语气的推测。事实上，在这一点上好的策略是放下这个话题并转移到其他方面，也许是做一些关于资金问题的试探。随后，当来访者可能已经忘记你对他的婚姻问题的评论细节时，你可以突然冒出一些问题，如“我知道一个人，叫张什么来着？是不是跟您有关？”注意你是在问他，不是告诉他，但是那不会引起注意。如果你做得好，这个来访者就会奇怪，你是怎么知道的，就会让来访者自己相信冷读者的“超能力”。

同样，知道了这些“神棍”是怎么做的，也就不难知其真假了。如果你足够机灵，能够随机应变，也许，你的能力可能比“神棍”还神。在现实生活中，很多问题都是模糊的。不仅自己对未来缺乏信心，事物发展具有不确定性，而且社会环境处于变化之中，存在很大变数，使得前途难料，需要求助于别人，增加自己的信心。这样，在多数情况下，求助别人是希望得到赞同。因此，即便是算命高手，也会给来访者留很大希望，同时，给自己留有余地，不至于给自己留下麻烦。

46. 多重输出与请君入瓮

有一种被术士(算命师)运用较多的方法是**多重输出**，英语表达为 *multiple out*。基本的做法是讲一些含糊而蒙眬的话，或做一些模棱两可的预测，这样就可以在事后的解释中，牵强附会以符合几乎所有的结果。因此，算命师的语言威力是其陈述的模糊性。由于其所用语言具有模糊性，就会符合大量的真实生活情景。更糟糕的是，一些情况会被受害者主动“对号入座”，并暗自认为“算得准”或被说中了。这就相当于算命先生做好了一个解释框，受害者会自己去选择适合他的解释，也就是请君入瓮了。

原理并不复杂,算命师有时会说一些人们共同的经历或感受,而去算命的人往往会做出这样的反应:“这件事情只有我或者我家里人知道,他是怎么知道的”。于是,一般人会以为是被算准了,而认为“大师”确实“有道行”。一旦你内心有这种想法,一般会在肢体上或表情上反映出来,比如沉默,比如佩服。而这对于那些具有读心术或冷读术的算命先生来说,是逃不过他们眼睛的。那么,接下来会怎么做呢?

他们会告诉你想要听到的信息:“别担心,神灵告诉我,最后一切都会好的。”本来这只是一句非常平常的安慰话,也没有什么意义,但受害者相信算命师的力量,相信其预告了一个令人愉快的结局。很有可能下次他或她有问题的时候,还会手里拿着钞票回来请教。

心理学研究表明,看相、算命术最吸引人的效果之一是,不仅使被看的人相信看相、算命的人具有超自然能力,还能让看相、算命的人确定同样的事情,即自己也认为自己确实能看出一个人的过去未来。雷·海曼是一个研究人们为什么相信异常现象的心理学家,当他还是学生的时候,他就对看相感兴趣,他相信他真的可以从人的手掌纹路上看出一些惊人的信息。他发现:

> 看相者会相信自己真的有占卜的能力。他说,我就发生过这样的事,我在十多岁的时候就开始看手相,用魔术表演和心理咨询贴补自己的收入。一开始我不相信手相术,但为了“卖钱”,我必须装作真的样子。几年以后,我就变成了一个坚定的手相术信徒。一天,已故的斯坦利·杰克斯博士,他是一个职业算命师,也是我尊敬的人,巧妙地建议,如果我故意地反着手纹表达的意思说,就会是一个有趣的尝试。我用几个客户进行了尝试,

令我吃惊和恐惧的是，看相的结果同样是成功的。从那以后，我一直对这种强大的力量感兴趣，这个力量使我相信，即使说的不是真相，最后也会使看的人和被看的人都认为是真相。

所以，那些通灵人可能就是被称为“口舌技巧（sleight of tongue）”的实践者，也就是快速说话，他们说话的速度很快，以致他们的错误陈述几乎不被人注意，除非检查他们说话的文字记录。在我国，20世纪七、八十年代的农村地区，也经常会出现一些走街串巷的算命看相的术士，他们运用方言或术语讲述他们看相的结果，一般人听不懂也不知道什么含义，往往会进一步询问。于是，算命师会在“客户”继续询问的时候，通过进一步的对话，捕捉到客户的信息，进行有针对性的解释，这样，往往会有意想不到的效果。我本人就多次遇到过类似的情景。

在《伪科学与超自然现象》一书中有很多这方面的例子。一些人相信，算命师有某种超自然的能力，因为他们说中了很多事情，他们说的话“有道理”，至少让听的人得到了安慰，感觉有用。但对于怀疑论者，比如国际探索中心的成员，看待这种交流就稍微不同。公平的假设是，去看相算命的人一般都是对一些事情拿不定主意的人，或者都是刚刚遭受变故的人，这些人要么需要一些与内心符合的提示或判断，要么沉浸在悲痛中，希望得到启示或慰藉。所以，一旦算命师说的话符合其心理预期，就基本满足了其需要。而通常这些算命师所说的话或多或少都会有用，尤其是那些有经验的算命师，往往知道其客户需要什么，他们有各种技巧满足客户的需要，为客户“解决”难题。

正因为算命师的话具有多种释义，且一般说的都是大家会遇到的共同情景，往往会有“神奇”的效果。如其中的一些陈述特别适合A，而另一些话特别符合B，还有一些情况刚好是C遭遇到的。这样，就使大家都觉得算命师神通广大，什么问题都能解决。其实，对于算命师来说，则可能都是同一套说辞，同样的技巧，只需要结合每个人的生辰八字、天干地支配合阴阳五行表达出来就可以了。在我看来，传统的算命看相本质上是一种语言艺术(加上揣摩心理)。现代社会的人，尤其是具备科学素养的人，应该正确看待这种现象，不要盲目相信，更不要迷信。

47. 不上当的思维方法

随着科技的快速发展，一些以高科技名义挂羊头卖狗肉的公司也多了起来，不仅在保健、养生领域，也在一些科技前沿领域，比如打着纳米、量子科技旗号的纳米水杯、纳米洗衣机、量子阅读、“水氢发动机”汽车，等等。前不久闹得沸沸扬扬的例子，一个是Edison医疗检测仪，一家估值90亿美元的“高科技”公司，多少年来一直数据造假；另一件事情是“酸碱体质理论”创始人被判罚1.05亿美元，当庭承认是骗局。当然还有许多其他形形色色的规模较小的公司，打着高科技的旗号招摇撞骗。这些骗局都有共同的特点，就是当事者都明知自己的新理论、新方法、新产品是假的，是伪科学，还要堂而皇之而又大张旗鼓地鼓吹。他们这么做的原因很简单，“利欲熏心”而已。那大家为什么会相信呢？原因也很简单，因为伪科学理论有个重要的特点，就是似是而非，模棱两可，或者以假乱真，“温情”销售。

伪科学的鼓吹者，会用一些大家熟悉的理论，进行简单比附，让大家觉得“有道理”。公众如果不具备基本的科学素养，尤其是科学理性和科学精神，就会轻信，就会“宁可信其有”。若要不被伪科学欺骗和忽悠，简单的方法就是不要轻易相信。自己不了解、不知道的事情（知识），可以向专家请教，也可持怀疑态度，要有质疑精神，而不要轻易下结论，这是对待伪科学的基本方法。

科学对人类的最大贡献是其精神，我们称其为科学精神。科学精神的最重要内涵就是理性、质疑和实证。科学赋予人类的物质享受和财富则反而是副产品，这一点科学史已经有很好的佐证。

我们拥有的关于科学的大多数信息和知识，我们在学校接受的教育和课本上的内容，都是科学对于我们周围世界的解释。假如要把巨大的知识体系与科学联系起来，则涉及我们所学到的关于天文、生物、化学、地理、物理等一切。其中还有许多争议，如心理学是不是科学？社会学是不是科学？还有更多类似的问题。因此，即使是科学家，也不可能对所有领域的知识都了解，对于我们不熟悉不了解的领域，我们就是外行，就是不懂，这种情况下也很容易被忽悠和欺骗。

因此科学思维比知识重要。在科学发展的过程中，科学知识的生产者总结积累了一系列正确的思维方法以及一些探索自然、获取真知的手段和技术，这些思想、方法、精神不断提升，为后来的求知者所借重，逐渐形成区别于其他知识体系的认知途径。纵观人类进步的历史，就是人类知识发展的历史。在人类社会发展的进程中，出现了各种各样的知识体系，有迷信的、非科学的、伪科学的、前科学的和反科学的，但历史一再证明，只有科学知识体系的出现，才导致人类生活以前所未有的加速度发生改变。而科学知识的生产和发展之所以不同于其他知识体系，就在于科学认知有着独特的思维方式，有接近真理的方法和途径。

思维、方法之于知识，就像钥匙之于知识宝库，只要拥有打开宝库的钥匙，就能获得真知，因此，科普也要考虑授之以渔还是授之以鱼的问题。授之以渔就等于给大家一把钥匙、一张捕鱼的网或各种打鱼的方法；而授之以鱼则如同灌输教育。在信息社会的大背景下，人类处于知识的汪洋大海的包围之中，信息和知识丰度前所未有，无论是教育还是科普，难以满足人们的要求。同时，知识的获取是一个学习的过程，只有主动学习才有效果。这也是世界各国提倡建设学习型社会、学习型组织的缘故。

在科学体系中，有很多的科学思维、科学方法，那么我们应该具备什么样的思维才有利于自身的发展？很显然，当今需要的科学思维，既要能满足创新创业的需要，又要能够防止上当受骗；既要有知识，更要有文化。应该具备基本的科学思维形式，如批判思维、怀疑思维、创造性思维、逻辑思维、评估思维等。我认为最应该了解和掌握的是评估思维。原因很简单，因为它是辨别真伪的手段；实现创新的路径；改善提高的重要方法；管理和治理的依据。

评估思维是不上当的最简单方法，评估思维 + 质疑 = 不轻易相信。简单说就是，多角度全方位的评估，基于评估的质疑，理性的判断和选择。

48. 巴纳姆效应之谜

巴纳姆效应(Barnum effect)是一种心理现象，即人们会对于他们认为是为自己量身定做的一些人格描述给予高度准确的评价，而这些描述往往十分模糊及普遍，以致能够放之四海而皆准，适应很多人。巴纳姆效应能够很好解释一些算命看相为什么被认为有效或准确。

20 世纪 90 年代后期，一些神功异能人士变得很受欢迎。在美国，他们频繁出现在电视频道的栏目里，大谈其通天彻地的神奇功夫，其中，詹姆斯·范普拉、西尔维亚·布兰恩、约翰·爱德华，一时成为电视台的常客。为此，CSICOP（对于声称超自然现象的科学调查委员会，是跨国探索中心的前身）的专家对他们进行了怀疑性的调查，并揭示其神秘之处，发现这些术士之所以成功，是因为他们运用了一些语言技术和思维技巧，如冷读术、巴纳姆效应。在约翰·爱德华的例子中，电视观众看到的只是现场观众对她"成功"的惊讶反应，范普拉同样使用了冷读术。他们在与神灵沟通传递死者的信息时，经常使用一些模棱两可的词汇，或者具有多种含义的常识性概念陈述一个问题，然后问"你明白吗？"且答案几乎总是"是"，因为被问到的人确实理解这些概念。但"是"却被范普拉所利用，许多人看到或听到他的意思是，这些概念用来与死者联系是有意义的或重要的，并让人觉得冷读术很准确。

冷读术有用的一个重要原因是存在著名的巴纳姆效应。它让受害者相信，一些几乎没有具体细节的含糊套话是对他们自己个性的准确描述。巴纳姆效应起因于那句很著名的妙语"每一分钟都有一个容易受骗的人出生"。实际上，这个短语并不是因为巴纳姆产生的，而应该归于19世纪80年代的一个骗子，他的名字叫约瑟夫·巴西默（Joseph Bessimer）。

巴纳姆效应在课堂上很容易被证明。1948年，心理学家福勒（Bertram Forer）对一个班级的学生做了一个性格测试。他告诉全班学生，测试结果能准确地反映出一个人的个性。就在学生测试完的一个星期以后，他们收到了一份打印的性格描述纸，在纸上写上学生的名字，并告诉学生，描述是基于测试中的回答而形成的。于是，学生们被要求判断这些性格描述多大程度上准确地反映了他们各自的个性，以及如果应用到"大家"身上，会有多准确。不约而同地，测试结果被看成是非常精确的个性描述，而不是“大家”共同的性格。本来这也没有什么奇怪的，但实际上教授并没有进行性格测试。所有学生得到的个性素描都相同，只有在页面顶端的名字不同。因此，所有学生都认为每张纸上的性格描述只适用自己，并相信这些不存在的个性测试是有效的结果，承认描述很精确。

灵媒、占星师、笔迹学家（声称能够通过人的笔迹确定人的个性）和塔罗纸牌的解读者，都从巴纳姆效应中受益匪浅。在某种程度上，他们的大多数客户已经是信徒了。因此，即使是几乎对任何人都适用的模糊描述，也会被他们视为只针对他们个人。于是，他们也就对灵媒等惊人的也许是超自然的洞察力深信不疑。

无论是冷读术还是巴纳姆效应，共同的特点都是用一些模糊且有多种含义的语言，让被测试者觉得说的就是其本人，是对其个人的性格测试或描述。比如，他们常常说：

你似乎是一个开朗而通情达理的人。你的心情可能时而高兴，时而不高兴，但不会太过分。你的健康几乎没有问题。你善于交际，善于与他人交往。你易于适应社会。你倾向于喜欢冒险。你的兴趣很广泛。你相当自信而且通常想得很清楚。

你的一些愿望很不现实。有时你性格外向、友善、好交际，有时内向、谨慎和保守。你发现，对别人太坦白地暴露自己是不明智的。你为自己是一个独立的思考者而自豪，而且，没有令人信服的证据，你不会接受他人的观点。你喜欢某种程度的变化和多样化，而且当被严格限制时会不高兴。有时你会严重怀疑，自己是否做了个正确的决定或者是否做对了事情。对外你会遵守纪律和约束自己，对内你倾向于厌烦和不安。

> 你的性格调整给你带来了一些问题。当你有一些人格弱点时，你通常可以弥补它们。你有大量未使用的能力，而你没有把这些能力变成你的优势。你有一种自我批评的倾向。你有让别人喜欢你，让他们欣赏你的强烈需求。[①]

这些语言具有“双头(double-headed)”特征，例如：“你通常是外向而开朗的人，但有时不善交际且对自己的社会状况不自信”。这种话不全是奉承，在冷读术中奉承话说得过分就会引起人的怀疑。但每个人都有不好的一面，如果算命的人能够用一些模糊的语言，他们就会自己去比对，并且相信那些话都是针对他们性格的精确表述。换句话说，把一些否定的话放进套话中，会进一步提高信任度。

可见，所谓的神奇和精准，只不过是迎合了顾客内心的一种心理需求，这种需求有时是为了求得安慰，有时是为了消除不确定性，帮助自己做出选择，从而得到启示或“天意”的解脱。就如平时面对一些难以决策、左右为难的事情，通过抛硬币来帮助决定一样。这些做法之所以有效，是因为很多事情难以获得有效的肯定性证据支持，或者变数太大，难以预测。但你要清楚一点，并非真有人“开天眼”，能够推算过去，预知未来。

在人多的时候，由于从众效应或羊群效应，更加增加了巴纳姆效应的效果。在特定环境下，人们经常受到多数人的影响，而跟从大众的思想和行为，形成盲从或产生从众心理。这种现象往往是受到情绪的感染而失去思考能力，或者虽然感觉可疑，却怕别人瞧不起自己，隐瞒自己的真实想法，而跟随大家一起行动。这种情况在心理

---

① 特伦斯·海恩斯.伪科学与超自然现象[M].郑念，译.上海：上海交通大学出版社.2018：46.

学、经济学、社会学、政治学等各个领域都普遍存在。正因为如此，我们更加需要加强科学思维、科学精神的教育普及。

49. 循环阅读的技巧

一些充满神秘技巧的骗术，实际上运用的是魔术师常用的手法。循环阅读（billet reading）就是骗子常用的手法，这种方法通常在面对人多的时候使用。凡是见过约翰尼·卡森的“神奇的卡纳克（Amazing Carnak）”表演的人都熟悉这项基本功，行话叫作“提前知道一个（old one ahead）”[①]。过程是让大家相信，表演者具有神奇的特异功能，或者能够透视信封内的字，或者能够与神灵沟通，让她告诉表演者看不到或不可能知道的信息。表演者开始“服务”（即为人们解惑答疑，一般会在人多之处，比如大教室、会堂、教堂等）的时候，参加的人们被要求在卡片上写一个询问神灵的问题，并封存在信封里，然后把信封收集起来。在随后的“服务”中，他一次拿出一个信封，在不打开信封的情况下读出里面的问题，显示神灵在与他沟通。这时候，观众中一定有个人大声说，那个问题是他问的（其实他很可能是托，跟表演者是一伙的）。于是，大师就回答这个问题，并撕开信封以示神灵告诉他的问题是对的（实际上他是在看一个新的提问），并以神灵的名义回答问题，然后拿起下一个信封，继续同样的过程。其实，一旦你知道是怎么做的，很快就会明白这是一个简单的骗局。

原理是这样的。在“阅读”开始之前，大师打开其中的一个信封，记住了这个问题。即使信封一直在公众的监视之下（参阅

---

① 特伦斯·海恩斯.伪科学与超自然现象[M].郑念，译.上海：上海交通大学出版社，2018：46.

柯林达1968,这种技术的详细讨论,合法舞台上的魔术师都有使用),仍有多种办法可以发现信封里写的是什么内容。只要大师记住了第一个问题,其他的就容易了。大师抓住公众的思维主要靠第一个信封(而实际上那是第二个信封),举着它并背出第一个问题的内容,回答它,然后撕开手上拿着的信封。观众会认为,大师只是在证明信封里确实装着他刚刚获得的神灵给的答案。实际上,大师刚打开的是第二个信封,并已经记住了第二个问题,他然后拿起第三个信封(观众以为是第二个信封),读出之前信封中的问题。简单的诡计,但如果操作得好则很有效。

2004年,我曾参加国际探索中心在意大利举行的世界怀疑论者大会,会上著名的魔术师、怀疑论者詹姆斯·兰迪介绍了同样的手法。但对于具备科学思维的人,则很容易揭穿其阴谋。比如,可以在信封上做标记,或者让提问的人拿着信封,请“大师”直接读信封里的信息,并由观众来证实。20世纪90年代,中国科普研究所的专家就是这样揭露大师作假的。当时,某大师声称能够从密封的瓶子里取出药片,专家就事先把药瓶进行了识别处理,结果,大师失败了并寻找借口逃了。

除了运用这种舞台魔术技巧,骗子们也用其他一些更加世俗的技术,以说服观众他们是有超能力的。例如,大多数行骗者的顾客不会是大街上的行人,即使是新的顾客,行骗者也会要求他们预约,这就为骗子腾出了时间去积累信息。获得新客户信息的方法之一是雇佣私家侦探。当受害者足够富裕能够承担费用的时候,尤其可能成为私家侦探的目标。然而,大量的个人信息也可以用其他方法获得,即利用一些不太贵的资源。例如,现在年轻人大多会开车,驾驶证上的信息一般是公开的，只要花几块钱就能得到。这些信息包括年龄、出生年月、事故记录、保险公司、驾驶证和保单号码等。个人的地址也会给出他居住的小区，因此就会透露出收入水平、民族背景，也许还有宗教背景。当然，在当今大数据时代，一些平台公司对于个人的隐私信息了如指掌，甚至能够准确知道你晚饭吃了什么，跟什么人睡觉等极私秘的信息，可见，这已是用不着算命的时代，他们直接知道你将要做什么，并利用云计算得出未来的可能结果。

当一个人用心收集信息的时候，尤其是在互联网时代，基本没有秘密。他们通过平时的观察也会发现大量信息，比如你慢慢开车通过一个地方，就会发现很多信息——房屋类型、颜色、停在路边的汽车牌号及车型、单位门口放的东西等。所有这些信息，都是可以免费获得的，都可以用来骗“冤大头”，当有人描述受害者家周边的环境，甚至是他家的大致情况，他会很惊讶，并感叹道“这个大师确实有本事，具有真才实学”，接下来，大师会利用大家普遍关心的事情来“吊胃口”，或者利用你对某些问题的特别关心，来让你觉得他算得很准。感叹这个大师怎么知道他这么详细的生活信息。

无论国内还是国外，所有“大师”实际上都有继承关系，都是通过拜师学艺，所谓人生百行，都是传统上的吃饭饭碗。客户当然也不是那么好骗的，于是，这些“大师”会不断做功课，得到一些容易公开且合法获得的信息，有些是久在江湖的经验积累，有些则是由师父传授。客户则会因为“大师”说出的这些信息而将其作为有法力的证据。现代的骗子对他们的顾客都有详细的档案记录。很多信息对于一般人是无用的，对于“大师”们则很珍贵，并且还要一代一代地传下去。

随着科学技术的进步，骗子们的手段和技术也在与时俱进。有的人甚至搭乘科学技术发展的便车，运用最新技术成果，结合最新发展的形式来进行诈骗。比如，在新冠疫情时期，一些人冒充公务管理人员，利用“弹窗”来获取信息，达到诈骗的目的。冒充电信、公安、税收等公务人员进行诈骗的案子时有发生。

50. 揭秘招魂术士

各种神秘现象，无论披着多么神奇华丽的外衣，都是为了显示自己的与众不同，而达到让人心甘情愿掏钱的目的。比如，招魂术实质上是一种故意制造神秘气氛，诱导产生恐惧而逼人就范的思维引诱模式。本质上还是施术者读透了人的心理，他/她会依据求助者的心理活动，通过语言和行为的暗示，或者让人产生恐惧，或者让人相信确实存在神秘力量，或者制造某种“意想不到”的情景而使人不得不相信，陷入“眼见为实”的想当然思维模式。在当今的互联网时代，网络写手利用人们的这种猎奇或者想象、幻想、奇遇等心理，创作大量的玄幻小说，有的还搭科普热的便车，打着科幻的幌子，争夺公众。

在我国，一些偏远地区还存在某种古老而又神秘的招魂术。笔者曾调查过也经历过一些类似的情况。大概在 20 世纪 70 年代，隔壁家的婴儿受了惊吓，啼哭不停，“有经验”的人就会说，是某个鬼神路过，把孩子的魂带走了，或者受到了惊吓，吓掉了魂。于是，会用祖传下来的方法，点着火把，一路叫魂，并配合着咒语。据说，这样做了以后，孩子很快就安静了下来，马上就好了。还有一种招魂现象是，农村里有一种能人，号称可以与死去的鬼魂进行交流，他们可以把先民的信息告诉世人，比如他在那边是否一切安好，有什么需要等。讲的人表演得活灵活现，确实很能蒙住一些人。

这种案例不仅中国有，国外同样有很多，而且有很长的历史。直到20世纪上半叶，欧美还存在一些招魂术的训练“营地”，如设在印第安纳切斯特菲尔德的切斯特菲尔德营地（Camp Chesterfield）、宾夕法尼亚州埃夫拉塔的银贝尔营地（Camp Silver Belle in Ephrata, Pennsylvania）[1]。正如小孩可能到网球营地去提高他们的网球技术，或者到电脑基地去学习编程，20世纪初，数以千计的成年人到这些招魂术士的营地去，与已经去世的亲戚和朋友交流。

当时，招魂术已经成为一个大生意，每年要从那些孤寡老人和丧失了亲人的人那儿，掠夺数百万美元。他们相信，自己在营地正跟爱的人进行灵魂交流。基恩（1976）说得很清楚，招魂术是个有利可图的行当。他报告，在佛罗里达塔帕的小小招魂教堂中，他与同伴“一晚的服务”可以获得10 000至20 000美元的收入。那些求助者（sitter）在切斯特菲尔德营地会自愿留下钱，其中一个男人一次留下了10万美元，而另一个人则估计留下了50多万美元。

那么，他们是怎么表演的呢？例如，其中一项技术是让丢失的物体在降神会上重新出现，或者让神灵告诉求助的人在哪儿可以找到丢失的物体，即使求助者自己都没有意识到他丢了东西。其实，说穿了，就是一个很简单的伎俩。他可以雇用一个同伙，装成邮递员，给别人送一束玫瑰。而对方通常是一个寡妇，她是营地的常客。当然，这样做最大的目的是让受害者增加对术士的敬佩，并多出钱。鲜花很美丽，附上的卡片写道，这些花是其仰慕者送的，这样一份可爱而神秘的礼物，会让多数人感到惊喜。这时，假的送货人就会顺便请求用一下卫生间。通常，这样的请求大多数人是不会拒绝的，尤其是考虑到这个人刚刚给她带来一份惊喜。当受害者把花插入花瓶的时

① 特伦斯·海因斯.伪科学与超自然现象[M].郑念，译.上海：上海交通大学出版社，2018.

候,“送货人”就会快速看一下卫生间和卧室——这两个房间一般挨着——他就会找一些小珠宝,理想的东西是具有更多感情价值而不是金钱价值的物品。他把这东西揣进口袋离开了。为什么不拿走一些值钱东西呢?这是因为,如果丢失值钱的东西,受害者可能会报警,而不太起眼却有意义的东西正符合术士的要求。失去一些不太值钱的东西,即使具有较大的情感价值,也不太可能去报警。但是,却很有可能去请求术士的帮助,以找回这件东西。一旦术士得到了这个物品,就可以利用它做一系列的事情。其一是在随后的降神会上出现,使受害者惊奇。其二,把物品藏在一个地方,让大师告诉失主到哪儿去找到它。一个特别有效的技术是,让同伙直接把东西藏在屋子里,比如,在一个松散的脚垫板后面。随后,术士告诉失主到自己的房间里去找(也许可能还会有其他的方法)。总之,一旦你知道他们的做法,整个事情就显得极其简单。但是,除非熟悉他们的手法,否则几乎没人知道在自己身上发生了什么事情。他们更可能会把事情归因为神灵和大师的神力,这样就会产生崇拜心理而心甘情愿掏钱。

当然,现代社会上的术士(大师、魔术师、江湖人士)可能会改变花样,但伎俩的原理是一样的。比如,不久前就有一位大师,联系中国(异常现象)探索中心,让专家证实其具有神迹,能够让死人复活。她让两个家庭把亲人死后的尸体不要火化,并预言半年以后就能复活,她能让死者恢复如初。结果,半年以后并未出现她说的情况,这时候,她又会寻找各种理由,继续推迟半年或一段时间。总之,她是用一种不断延迟的希望来吊胃口。不过,这中间她可能还是掌握了一些技术,否则为什么尸体没有腐烂而只是干枯呢(其实这种技术很古老,也很简单)。同样神奇的事情还有,我们课题组曾于 2019 年去湖南通道县调查转世人，尽管当地人说得天花乱坠，但实质上就是当地人在制造“神迹”，这种情况之下，一旦环境合适，“大师”们就会发展自己的信徒，并有可能发展为邪教。

51. 关于认知的对话

2019年清明，我到安徽老家出差，在屯溪遇乡友朱老弟，偶然聊起有关认知诸事，感觉问题较为普遍，故记之，以作悬疑者的鉴见！

问：经常听人说，神学和科学只不过是人类认识的两种路径，就像爬山，一个从山的正面往上爬，一个从山的背面往上爬，最终都在山顶相会。您怎么看？

答：这种说法确实存在，而且带点哲学思考的味道。与此类似的还有一种说法，就是“科学家千辛万苦爬到山顶，发现神学家早就在那儿等着”。同样，科学研究领域也有一种说法，认为任何研究不能穷尽所有问题，在对一些问题无解的地方，就是神学或哲学的栖息之地。但两者是有本质区别的，比如从认知的角度出发，科学家会不断探索而且一直努力求解未知，而神学家把未知交给了上帝，不是探索未知，而是宣扬上帝无所不能。

确实，从历史上看，在人类社会的早期，人们面对强大的自然力，面对风雨雷电、洪水猛兽、地震海啸、生老病死等自然现象，无法战胜而惶惶不可终日，于是就求助于巫术，由巫师与上天神灵沟通，求得宽恕和保佑。但是随着生产力的发展和人们认识水平的提高，人们逐渐认识到，所有这些都是自然现象，并且通过长期的观察，掌握了一些自然现象的变化规律，并利用这些观察积累了知识，用以指导农业生产和生活。于是，最初的巫术分解为战胜自然的前科学认知和求得心理安慰的宗教信仰。并且，宗教和科学都随着生产力的发展和认识水平的提高，逐渐发展变化出各种教派和各门学科。比如，宗教有著名的世界五大派，犹太教、基督教、佛教、伊斯兰教和天主教等。科学有自然科学、社会科学、人文和哲学等，每个领域又有很多学科，自然科学的基础学科领域就有“数理化天地生”各个学科。从人类知识体系来说，无论真假，都是人类知识体系的构成。

可以肯定的是，随着人们认识水平、实验手段、认识世界的技术水平的提高，原来一些没有被认知的领域，逐渐被认知，逐渐揭开真实的一面，但这并不意味着，随着知道的内容越来越多，不知道的会减少甚至消失，更加可能的是，不知道的东西还是存在甚至更多，这样，无论是科学家还是公众，当人们遇到百思不得其解的问题的时候，就会暂时把问题先放下。可见，将其与爬山类比还是不合适的，因为如果把人类认知过程比喻为爬山的话，科学家千辛万苦地在探索、求知，在科学前沿会遇到很多一时解决不了的问题，这是很正常的。时间久了，问题总会有人解决。每一代科学家都会取得自己的成就，比如牛顿、爱因斯坦、霍金等人。但这与神学的研究和认识态度是不一样的。科学家虽然会把暂时不能解决的问题交给“上帝”，但他们并非认为上帝能解决这个问题，而是暂时求得心理的解脱。这与神学认识或信仰是完全不同的。不能认为科学家和神学者是走了不同路径的探索者，不能说神学和科学是攀登知识高峰的两股力量。

问：民间许多人认为，人是有灵魂的，人死只不过是人的躯壳失去活力，灵魂依然存在，而且还会寄托在别的生命体上，也就是社会上流传的灵魂转世。您对这个问题怎么认识？

答：从科学的角度看，这种认识是没有根据的，可能只不过是一种寄托和期望。科学讲究证据，讲求逻辑，追求或提供真知识。我本人是无神论者，看问题坚持历史唯物主义的立场，所以我认为，关于灵魂转世的说法是没有证据的，至少是未得到证实的。

这种认识历史悠久，有人认为埃及的木乃伊就是当时的法老们认为人死只是物质躯体的死亡，灵魂还会保存在体内，还会在外面飘荡并按时回到躯体。尸体的重要性就像人在世的躯体一样，他们深信尸体中留存的部分魂魄在夜晚时可以游走于冥界，当日出时则回到尸体内，而魂魄必须认出自己的躯体才可以回魂，所以，尸体要保存完整，如果尸体遭到毁坏，灵魂将会迷失，没有完整的身体，就没有永生的希望，这是古埃及人认为的最可怕的灾难①。木乃伊存在至今已有大约5 000—6 000年了，也没有见过魂魄回到躯体里。

关于这方面的争论，国内外都大量存在。从目前的结果看，争论双方不仅立场、方法和目的都存在较大区别，而且有时涉及的领域、学科，问题的指向，都不在一个维度，有点“鸡同鸭讲”的味道。中国的某些地方至今还存在这种认识，他们自称是转世人，能够清楚地讲述“前世”的经历。但据我的调查，很多故事都没有实质证据，只是个人的叙述，真假也难以求证。

这里涉及一个实体存在的问题，灵魂是一种物质还是精神。现在也有个别科学家认为，量子理论能够解释灵魂现象，认为灵魂是一种量子态的物质，但在我看来，这只是一种想象，并没有确切的证据，也没有自圆其说的理论或逻辑证明。

问：有一天晚上睡觉时，醒来发现身边睡了一个人，当他知道我醒了以后就起来离开了，而且是从窗户出去的，那是不是灵魂？

答：据国际探索中心的有关专家研究，人们在意识模糊的情况

---

① 罗素.西方哲学史[M].何兆武，李约瑟，马元德，译.北京：商务印书馆，1995：2－3.

下，经常会出现幻觉，他们把这种现象叫作醒来幻觉或睡前幻觉。意思是人们在刚睡醒的时候，头脑没有完全清醒，而是处于一种迷糊的状态。同样，在入睡前，人们的意识也会处于一种半睡半醒状态，这两种情况下经常会出现幻觉，并把这种幻觉当作鬼魂。有的时候，刚醒来产生的幻觉，还会把梦中的情景错当成眼前的事情①。所以，你所经历的事情其实不存在，只是一种幻觉，也根本不存在灵魂或鬼魂。

改革开放以前，我国大多数地区的建筑都是毛坯墙，即使在完全清醒的情况下，如果你眯眼瞧某处的图像或线条，也会产生幻觉，并把自己吓着。可见，幻觉、错觉，加上心理恐惧而产生信马由缰的想象，成为一些神秘现象出现的主要原因。

问：有几次给朋友打电话时，对方经常说他也想给我打电话，这是不是心灵感应？

答：这种情况也分真假。因为，可能你朋友真想给你打电话，或者有过打电话的念头；也可能只是客气，表示他想着你，让你觉得你们的关系很好。总之，即使是真有其事，那也可能是一种巧合。如果你们关系真的很好，那么，你们双方都会不时地想着要给对方打电话，而恰好有一次，他本来想给你打电话，但因为某件事情没有及时去做，这个时候，你正好打电话过去，他也就把刚才要做的事情（打电话）跟你说了，然后，你们都认为你们之间有心灵感应。

问：在部队的时候，有一次心神不宁、十分烦躁，后来写信问家里有什么情况发生，父亲告诉我说，奶奶去世了，刚好是那段时间。所以，亲人之间的心灵感应应该是存在的，您怎么看？

---

① 特伦斯·海恩斯.伪科学与超自然现象[M].郑念，译.上海：上海交通大学出版社，2018：88.

答:我只能说"也许"。因为,这样的情况经常听说,并且,据说孪生兄弟(姐妹)之间的心灵感应尤其强烈。但同样没有相应的证据来证明,也没有科学原理来解释。目前,也有一些人用量子理论来解释这种情况,也就是量子纠缠可以远距离发挥作用。他们认为,心灵感应或者人们常说的第六感,是量子的超距纠缠,是突破时空限制的,或者说是可以在高维空间发生作用的。我个人仍然持怀疑态度,也许将来能够通过实验来证明其真实性,或否证其存在。

其实,现实中仍然存在种种难以解释的现象,而且相信的人们也经常会指责怀疑论者,他们会说:"不能证实并不能证明不存在,只是现在的科技不够发达,也许将来科技发达以后,就可以证实了。"还有人说,"我们认识的维度目前只局限于三维、四维,对于高维度的现象难以认知,而一些神鬼、灵魂、外星人、心灵感应等现象正是高维度的存在。"对此,我只能说,"谁声称谁举证",我没有声称,而你的声称又不符合基本的常识、原理、逻辑、证据,那么我保持怀疑就是科学的态度。

第六章　生活中的思维

世间的道理都是相互通联的，有些科学的规律、原理、道理，不仅适用于自然界，也适合于人类社会；不仅仅适合于物质世界，同样适应于精神世界。遵循科学的基本理论，掌握一些基本的思维方式，选择善意的行为，让生命之旅顺风顺水。

52. 科学思维的普惠性

科学思维的普惠性，指的并非只有领导者、决策者、研究人员才需要科学思维，需要具备科学理性精神。我们强调决策中科学思维的重要性，本质上是指科学思维和科学方法的理性精神，也就是科学思维和方法可以产生理性的决策。

但是，理性有大小之分，有集体理性和个体理性之分，有局部和整体之分。有时候局部看起来很合理，却是以损害他人利益、损害整体和大局利益为前提的。可见，思维和方法只有与正确的理念结合，保持正确的方向，才能发挥正确的作用，产生应有的效果。这是正确思维的合理性所在，也是其生命力所系。

科学思维具有普惠性。居家过日子也需要有理性，需要科学思维，否则，要么笑话百出，要么上当受骗，要么矛盾激化，等等。不久前，有人给我讲述了这么一件事情，他家里的热水器一直漏水，他的夫人电话报修，厂家售后维修人员上门，理直气壮地说，原因是小区自来水的水压太大，需要购买减压阀才能解决问题。

过后他分析，如果是自来水压力太大，则是一个普遍问题，不可能只有几家热水器出现漏水，则需要通过楼层来统一解决问题；但当时的情况并不是大家共同面临这个问题，所以，很有可能是自家的热水器安装出现了问题，或者是热水器的阀门质量不过关。

另一件事情，多年前在布法罗的安赫斯特小镇上，我与两位大学教授一起开车到另一位教授家中做客。恰逢暴风雪，汽车的雨刮器坏了一个，坏的恰恰是驾驶座前边的，于是，不一会儿雪就把前边的玻璃糊住了，看不清路。当时最简单的办法就是把右边的雨刮器换到左边。可是，两位搞机械的教授下车，折腾半天毫无效果。我只好下车，观察了两分钟，很快解决问题。原因很简单，通过观察，判断了其工作原理，依据原理来思考问题，并寻找解决问题的办法。

这两件事都是生活中的小事，却存在着一个共同的思维方式问题，反映了科学素养的重要性。第一个例子涉及普遍性和特殊性，第二个例子涉及原理和方法。生活中类似的事情很多，其实只要耐心观察，认真思考，从普遍性和原理上去思考，就能找到解决问题的方案。所以，科学思维对于每一个人都是需要且重要的。而且，科学思维并不是空洞的高深的概念，只要正确运用，就能产生效果，体现出其价值。在现实生活中，正确的思维和方法，只要与正确的理念相结合、相统一，就能发挥应有的效用。

科学知识、科学方法、科学思想和科学精神是相互作用和相互依赖的，是科学素养的基础内核和结构，也是产生科学理性的基础，而理性和实证是科学精神的基石和内核，也是科学文化最基础的内容。科学理性和科学精神，一旦与现实生活和生产相结合，就会显示其巨大的威力，体现其普惠性。科学思维并不高深，只不过是原理精神和规律意识的反映，是唯物主义和自然哲学的运用。

所谓在正确理念指导下运用科学思维，就是基于物质意识、唯物主义世界观。所谓保持正确的方向，就是要有大局观、全局意识，要从集体、国家、民族甚至是人类共同命运的角度来思考问题，来解决问题。现实中，当遇到一时难以解决的问题，一时难以理解的现象时，唯物主义者一般从理性的角度，从自然力物质力量的角度去探索寻找原因，而神秘主义、唯心主义者，即使认知水平很高，也往往把它归因于超自然力量，甚至是神秘力量。两种方法会导致不同的结果，前者可能经过一段时间的探索，解决了问题；后者则可能停止了探索，并到处渲染，不仅不能解决问题，还造成恐慌。

所以，科学素养应该体现在认识问题和解决问题上，体现在行动上。如果我们大多数公民都具有正确的理念、科学的思维和方法，并能够运用其解决生产生活中的具体问题，我们的公民科学素质就达到了较高的水平。从整个国家来说，就具备了创新发展的人力资源基础，也就进入了创新型国家行列。

53. “德不配位”与“厚德载物”

“德不配位，必有灾殃！”源自《朱子治家格言》，讲的是伦理纲常，道德修养，善恶祸福。这与“厚德载物”是同理同义。虽然带有封建社会的教化、礼仪和为统治者服务的意思，但仔细琢磨里面也有科学道理，即使是在科学高度发达和昌明的当今时代，也具有一定的现实意义。因为无论是自然科学的物质和能量守恒原理，还是经济学的投入产出原理，无论什么系统都要有输入才能输出，没有投入的所得是不可持续的。天上掉馅饼的事儿有时也许会发生，但馅饼的背后往往是陷阱，即使没有陷阱，也总是来得快去得也快，不会长久。不仅财物所得如此，一般的得失大体也遵循这样的规律。如果身居高位却没有德性，恐怕不见得就是好事，可能紧接着就是灾殃。

我觉得把这种思维称为科学原理和科学思维的古代描述也未尝不可。从经济学的投入产出基本原理看，德位相配应该是天经地义的。从热力学第二定律在社会系统中的反映来看，德不配位，必然有别人的牺牲，就难免有人产生怨气甚至是怨恨，且迟早会反应和体现出来，可能就会追索责任。因此，一定程度上看，德位相配也是一种科学的规律。它与信仰领域的所谓因果报应有着重要区别，也是教育人们树立正确的价值观和人生观的重要思想。所谓不劳动者不得食，除去道德层面的必要怜悯和人道主义援助的考虑，这是任何社会形态的基本特征和要求，在社会主义初级阶段更需要遵循。

无论是做生意、做学问，还是做管理，道理都一样。中国传统文化历来强调本分做人，踏实做事，其中包含的道理也无非是教育人们，不要贪图便宜，否则就会得小便宜吃大亏。在现实生活中，一些人经常被"折扣""买一送一"等蒙蔽而花成千上万的冤枉钱，买一些没有效果、不需要或暂时用不着的东西，买的时候觉得"划算"，过后又后悔不迭。当然，这种贪小便宜吃大亏的行为还无关紧要，无非就是损失一些钱。但有的时候尤其是为了升官发财不择手段，表面上看可能获得了一些短期利益，但可能导致牢狱之灾，甚至折寿丢命。让自己配得上所得，看起来好像有点太小题大做，其实不然。

在市场经济发展过程中，需要遵循民主、法治、诚信、公平等价值理念，这些是市场经济的文化基础，也是市场经济体制的支柱，没有这些基础建设和原则保证，市场经济很难健康发展。社会发展亦是如此，诚实守信是基本的要求。简单到一个约会，如果不遵守时间、地点、人物的约定，那么约会就不能完成；社会交易本身就是一种契约，只有共同遵守契约，履行合同，才能完成交易，而长期不履行契约，社会经济活动就不能顺利进行；复杂的事情更需要各方面的要素组合、组织配合、法律保障，才能有序协调运行，才能实现目标。

从物质循环的角度看，社会运行讲究效率和平衡，遵循物质不灭、能量守恒定律；也就是想获得，就要投入要付出，不管是物质投入还是精力和智力投入。投入也有正能量和负能量之分，负能量的投入，比如坑蒙拐骗偷，虽也可暂时获得成功，最终社会规律会进行调节，使之回归正常。从价值循环的角度来看，无论个人还是社会，需要遵循个体价值、集体价值和社会价值的互相转化和平衡；个人获得的越多，越需要照顾集体利益。这是因为，社会是一个系统，你个人跟你周围组成一个相互作用的系统，如果你只获取不贡献，就可能阻断物质、信息和能量流，那么，你这个子系统就可能失去活力，从而难以生存。在古代，富裕起来的人，往往回报乡里，积极架桥修路，就是这个道理。虽然现在的很多公益事业或基础设施，已经由政府通过税收的方式进行统一平衡和调节，但是，如果你能够拿出来部分财富做公益，也会增加福报，保障你的系统安全运行。这也就是西方富豪乐于把大部分财富捐赠出来，或者设立基金的原因（有人认为西方的高额遗赠税是原因之一，我不否认。这一定程度上对我们有所启示）。

个体自身也存在物质和精神的相互作用，即物质积累到一定程度需要转化为精神财富，才能真正幸福，才能配得上自己所得。我曾经在一篇题为“如何获得真正幸福”的短文中，论证了物质与精神相互转化的原理及其对于保持个人内心平和、幸福、健康的重要性。有人错误地理解物质与精神的相互作用，认为有钱以后，用金钱铺路，买个官位，做个红顶商人，金钱与官位可以起到相互促进的目的，实现良性循环。从现实中看，这种情况不少，也确实为一些人所推崇，但是，如果缺失德性，即使有了位也未必不是祸事。所以，物质丰富以后，通过帮助别人，甚至是简单的赠予而获得快乐；或者通过提高自身修养，为更多人付出而获得快乐，才是真正的快乐！

54. 吃饭、学习与成长

无论是谁，吃饭与学习都是其生存和成长的必要条件，不过两者的功能有所不同：吃饭不仅是活着的前提，是长身体的基础，也是人的自然再生产的过程；而学习则是思想的营养来源，是人区别于动物的原因，也是人类集体进步的主要途径之一。不同的人，对待这两件事的态度不同，所产生的效果也会截然不同，最后的结果也可能天差地别。

凡人必须吃饭，所以大家对吃饭特别上心，这是完全可以理解的，在一定程度上说是出于天性。但对待吃饭的态度不同，其结果差别会很大。有的人吃饭是为了活着，活着是为了别人更好地活着；有的人吃饭是为了享受，是显示自己比别人活得好；还有的人活着是为了吃饭，所谓饱食终日无所事事，好吃懒做，都是他们的标签。不管这些人的吃饭态度如何，如果光吃饭不学习，这个人就只有身体的成长，而没有知识、精神、思想的营养，也就会导致大脑空乏，难以应对外界的干扰，或者生存中遇到的挑战。无论身体多么强壮，最后都有可能被淘汰，甚至连活着的最基础目标也难以实现。

学习既然是人类的标签，就必须具有个体属性和社会（集体）属性。从人的个体来说，学习的功能与吃饭的功能相似，一则是长身体的需要，是生理需求，也是最基础的需求；一则是长思想长知识的需要，是人的成熟过程，是知识生产和转化的方法，也是创新的捷径。

从社会属性来看，学习是沟通的基本要求，也是沟通和理解的手段。比如，对于不学习的人，相互之间的文化、习俗、语言、行为等就会有很大差别，则沟通就存在很大困难，就可能只能进行最基础的交流和沟通，一般只能用身体语言，而且由于习俗不同，可能还会导致不必要的误会。据说，印度人同意某种事情用摇头表示，不同意某事用点头表示，而中国则正好相反，一般用点头表示同意，摇头表示不同意。中国人见面喜欢握手，问好喜欢问“吃饭了吗”，而西方人则喜欢拥抱，见面打招呼喜欢聊天气。如果不学习，就可能一沟通就导致误会，就难以沟通，更别说互相理解。

在我看来，人类在婴儿期可能吃饭是主要的，进入童年期以后，学习就是主要的，个人也一样。依据人类产生和发展的历史，人类从产生到现在，已经度过了幼儿期、童年期，至公元前 6 世纪开始进入了青少年阶段，正是学习和发展的黄金期。在这个阶段，无论是个人、组织、社会、民族、国家，只有热爱学习、善于学习、努力学习的人，才能不断进步，才能相互理解和沟通，才能求同存异，实现思想互鉴、融合与创新。虽然目前世界上还存在不同信仰、不同意识形态、不同政体和国体的差别，存在一定程度上的钩心斗角和相互竞争，但人类最终会相互理解，朝着共同的目标进化。历史上，所有时期的圣人、智者、先贤、思想家，都期望建立世界大同的社会，都希望建立命运共同体。

对待学习与吃饭的不同态度会导致非常不同的结果。认为吃饭重要的人，结果就会是心宽体胖，也可能力大无比，也可能身强力壮，头脑简单。认为学习比吃饭重要，则吃饭是为了更好地学习，就可能通过学习，不断地发明机器，延长手臂和大脑，发挥科学技术的力量，不断创新进步，不断强大。

现代社会，学习比吃饭重要。毛泽东主席在1939年说过一句话："如果再过十年我就死了，那么我就一定要学习九年零三百五十九天。"[①]因为学习本身至少具备四大功能：学会认知，学会做事，学会生存，学会做人（共存）。这是联合国教科文组织研究的结果，基本概括了现代社会学习甚至是教育的基本目标。从事实看亦是如此，会学习的人肯定不愁吃饭，但反之则未必。所以，我们必须高效率地学习，才能实现快速发展。科普就是这样一种有效的学习途径。

科普是把人类探索自然、社会和人类自身发展过程中所形成的正确理念、知识、思想、方法和精神，通过教育、传播、宣传、展示、推广等技术，向公众普及的过程。通俗地说，科普就是科学技术大众化的行为和过程，是把科学技术转化为文化的有效途径。它可以促进人类进化、文明进程和社会进步，不仅给公众带来物质利益、精神享受，还给公众带来知识力量、文化滋润，是被历史证明的有益实践。

在人类文明进程中科普发挥了重要作用。从国际上看，近代科学产生以来，在不同的历史时期，科普对于促进科学技术的传播、普及、应用和发展起到了基础性的作用。通过科普的教育、宣传、知识传播、流动，进一步促进知识运用和创新，产生新知识、新思想和理论，实现知识生产的良性循环。从国内来看，科普对于开启民智、启迪思想、传播科学、教育民众、宣传和弘扬科学精神，同样发挥了不可替代的作用；可以预见，在建设世界科技强国、实现高水平科技自立自强、全面建设社会主义现代化国家的过程中，科普作为创新发展的重要一翼，也必将发挥更加重要的作用。

---

① 陈晋.毛泽东阅读史[M].上海：三联书店出版社,2018：8.

55. 如何获得真正的快乐

但凡人们历经的种种不快，皆出自心中。而不快的原因大多是自己的欲望没有得到满足，或者，结果与预期有较大差距。可见，欲望是产生痛苦的原因，欲望越强烈，满足欲望的心情越迫切，就越会努力去达到目的。通常情况下，这种由内心欲望产生的需求，是社会进步的动力，也是发明创造之母。但不同的欲望会产生不同的心理反应，总体上看，人类的欲望可以分为物质和精神两种最基本的类型。实验和经验都表明，物质上的满足，可以获得暂时的快乐，而精神上的满足，可以获得相对持续的快乐。这样，如果对物质的追求不能适当加以控制，自己的欲望不能经常持续得到满足的刺激，就会使自己在大部分时间里都处于不愉快的状态。因此，要获得真正的快乐，就要学会控制和管理自己的物质欲望，而不断追求精神上的富足。

这个道理不难理解和明白，但要做到却不容易。其实，欲望不能无，也不能太强烈。让人欲望全无，既不现实，也不利于世界的发展和人类的进步。毕竟，不管是生物学的生存法则，还是利益社会的生存需要，无处不存在竞争。唯有竞争，才能进步，才能完善自我。所以，欲望不能没有。但是，欲望又不可无度，否则，就如逆风执炬，必有烧手之患。可是，怎样做到有度呢？如何才算有度呢？

首先，要控制物质上的欲望，追求精神上的愉快。所谓克制物质上的欲望，主要指在满足生存和发展需要的基础上，提倡追求高尚的情操。怎样才算满足生存和发展需要呢？虽然不同的个体标准不同，甚至差异很大，但一般来说，生存需要就是达到小康水平，发展需要则包括人的再生产和社会的再生产，则要顺其自然，不要太刻意追求，这样，就不会陷入为满足欲望而奋斗的苦劳中。当然，欲望如何算过度，则是个复杂的问题，取决于一些条件，是根据已知条件求解的过程。这些条件主要包括：个人的能力，如受教育情况，智力、体力的先天条件；家庭背景，如地位、财产、能够给予的帮助；必须承担的义务，如抚养家庭成员、实现社会责任等。对于精神上的欲望，则是指从做事情中得到的愉悦程度。一般来说，为他人服务、做事，是一个愉悦的体验和过程，为社会做事，得到人民的尊重，最能够得到愉悦；救助弱者，得到的愉快程度更大，而为理想奋斗、为信仰贡献，则可能达到最大的精神满足。因此，快乐的来源在于物质上的付出，而不在于获得，当然会在精神上有获得，那就是愉快。这些体验，先哲们早有论述，但要真正领会和体验到，还需要自己做到，只有这样才有感觉，才会相信，才能主动去做。

其次，要明白物质和精神的相互转化关系，促进两者之间的转化。物质上的欲望与精神上的欲望满足之间，存在着一定的函数关系，该函数所描绘的图形应该是一条抛物线。欲望满足的初始阶段，随着物质上的满足，精神上的愉快程度也会上升，但逐渐的，随着物质上满足程度的增加，精神上的满足程度开始递减，达到抛物线的顶点以后，随着物质上的获得、满足的上升，精神上的满足和获得感开始下降，直到出现负数。所以，正确处理物质和精神、感觉和知觉（心情、快乐）等关系，促进物质和精神之间的相互转化，尤其是在物质丰富以后，促使物质向精神的转化，是人生获得幸福、个人获得快乐的秘诀。

那么，怎样实现物质和精神的互相转化呢？我们知道佛教崇尚的两个字是“舍”和“得”，而且，当这两个字在一起的时候，“舍”总是在“得”前，也就是先“舍”后“得”。实际上，这里的舍得，“舍”肯定是物质（能量）上的付出，“得”却不一定是物质上的获得，而是指精神上的获得，也就是快乐的心情。这就是说，要获得精神上的快乐，可以牺牲部分物质利益或能量，做些有益于人和社会的事，就可达到目的。这样，如果物质上十分丰富的人，就可以通过“舍”的方式得到精神上的快乐。物质上的获得可以转化为精神上的获得。反之，精神上的获得在一定条件下，也可以转化为物质上的获得。一般来说，精神转化为物质，体现的方式是多种多样的，比如，有时候体现为身体健康，寿命延长；有时体现为社会公信度的增加，事业容易成功等。而物质转化为精神，则发生在利用物质利益为他人服务的时候。精神转化为物质应该不是刻意的追求，是自然而然的事。因为，精神的获得，达到的快乐程度是很大的，是真正的快乐，而物质上的快乐是暂时的，是容易消失的，所以，精神富有者，不一定需要追求把精神转化为物质；而物质上的富有者一定要追求转化，才能获得真正的快乐，实现真正的幸福。

56. 善良与正义的回报

“勿以善小而不为，勿以恶小而为之”，中国先贤的告诫从行为科学的角度为人们指明了行动方向，虽然，这位先贤说这话的时候未必知道行为科学的概念，但其思想已经很科学了。善良之所以为人们所推崇，是因为善良需要行为的配合，所谓习惯成自然，行为久了，必成习惯，而习惯就会成为性格，成为文化，成为一个人的标志。尽管也有人认为，善良是天性，不是后天修养的，但从历史上看，这种论调虽构成一派思想，可并无依据。比如，孟子就认为“人之初，性本善”，而也有认为“人性本恶”的，如荀子。从科学的角度看，我们不否认，人的性格具有先天性，具有遗传性，与父母的性格有关，但善恶之分则根本上是受到后天环境影响的。

现实中的一些现象确实提高了行善的成本。比如，假装残疾人乞讨、碰瓷、帮助别人却被讹等，总之，让人觉得好人没好报，流血又流泪。时间长了，好人也不敢行善了，也就会让没底线成为常态，这是十分可怕的事情。

善良没有正义的保护，善也难行。同样，正义没有善良相伴，也会成为恶行。现实社会充满矛盾，都是对立统一的存在，但无论如何，一个提倡正义和善良的社会，必定是春暖花开见贤思齐的；否则，正确不存，邪恶横行，无论穷富，人们的心不能安，所谓的发展又有什么意义？

正义也是相对的概念，因为对于个体，如果路见不平拔刀相助是正义举动，那么什么是不平？不同的人有不同的判断，不同地方不同时期的判断标准不同；对于集体、社会，需要善治，无可厚非，但对于那些害群之马，对于那些蛮不讲理的人，如果过分迁就，则对大多数人是不公平的，正义与公平又是一对难以分割开的概念。所以，以经验判断为基础，或者根据个人喜好作决策，都很难做到真正的善和正义，有的人甚至以个人喜好来作为用人的标准，则既害人又害己，对国家、对事业都是在起破坏作用，而自己还以为很公正。因此，必须用评估思维来进行分析，才能做到科学决策，因为评估思维是基于事实、依据准则（标准、指标），全方位审视、多角度分析的科学方法，能够避免瞎子摸象以偏概全的评价方式，避免坐井观天夜郎自大的自以为是行为，以正确发挥评估指挥棒的作用。

57. 行善自有天佑

中国自古有“人善被欺，马善被骑”的说法，意思就是说，做人不能太善良，否则会被欺负。听起来好像很有道理，现实中的许多事也印证了这种说法。然而,这只是一种表面的、近视的认识,从长期看,日久见人心,行善自有天佑!

中国历来有"善有善报,恶有恶报,不是不报,时候未到"的说法。所谓报应,虽然是宗教的用语,其实也是人与人、人与社会、人与自然交互所遵循的基本原理。即使是简单的人际交往层面,谁也不会跟恶人有真正的交情。那些恶人看起来风光一时,其实,大家是在虚与委蛇,背后不知道有多憎恨他。中国历史上有个《周处杀蛟》的故事,说的就是这种情况。不过,故事中的主人公很快认识到问题的所在,而把自己的能耐用到了正处,结果成为大家心目中的英雄,也成就了美名。

刘备在给其子刘禅的遗诏中告诫他:"勿以恶小而为之,勿以善小而不为。惟贤惟德,能服于人。"目的是劝勉他要进德修业,有所作为。不要因为好事小而不做,更不能因为坏事小而去做。小善积多了就成为利天下的大善,而小恶积多了则"足以乱国家"。这既是刘备一生的经验总结,也是立身处世甚至是社会发展的规律。熟读《三国志》或《三国演义》的人都知道,刘备武不如关公,谋不如诸葛亮,能不如赵云,但却能三分天下有其一,为什么呢?就是因为他为善、有德。

"行善自有天佑"不是一种说教,而是一种天道,是一种立身处世的法则。正所谓"人为善,福虽未至,祸已远离;人为恶,祸虽未至,福已远离。"鄙人自小爱看武侠小说,其中的主角往往都是因为心地善良而有一些不同寻常的际遇,如《倚天屠龙记》的张无忌,《笑傲江湖》的令狐冲,《射雕英雄传》的郭靖。当然,小说本是作者的心声,但世道无外乎人心,从长远看,社会在一定程度上就是按人心的预期发展的。

正如明朝憨山所咏："善似青松恶似花，看看眼前不如它；有朝一日遭霜打，只见青松不见花。"所以，做人还是要以善为本，这样，你可以活得轻松，活得坦然。

从科学的角度看，世界是由知识、信息、能量、物质等要素构成的系统，这些要素的流动就构成了世界的变化，而世界的变化也会促使构成要素的重新组合和流动。凡是系统就有输入输出，一般情况下，输入正能量就会产生正能量，也就输出正能量；人与人之间传播恶就会产生恶，传播善就会输出善。这个道理很简单，如果你走在大街上，对谁都怒目横眉，别人要么就远离你，要么就会问你什么地方得罪你了，说不好就会拳脚相向。

所以，人与人之间的交流也无非是信息的沟通，这种信息包括语言、表情、行动，当你这些要素承载的是善良的愿望和信息时，收回来的信息也一定会是善意的，至少是非暴力的。从善如流，你身边集聚的资源也就越多，干事业也就有了成功的社会基础。正所谓"同于道者，道亦乐得之；同于德者，德亦乐得之；同于失者，失亦乐得之"(《道德经》第二十三章)，"故贵以身为天下，若可寄天下；爱以身为天下，若可托天下"(《道德经》第十三章)。

可见，世界万物都是相互联系的，即使是有助于进步的批评，也有善意的批评和恶意的攻击。善意的批评就会释放出善意，被批评的人也会乐于接受，并表示感激；而恶意的批评就带有攻击色彩，被批评的人表面服从、接受，实际上在心里是抵触的，不仅达不到帮助他人的目的，批评方可能会收获憎恨、记恨，这种憎恨迟早会回到自身。这也就是投入产出的基本原理。所以，世间的道理都是相互联通的，有些科学的规律、原理、道理，不仅仅适用于自然界，同样适合于人类社会；不仅仅适合于物质世界，同样适应于精神世界。

58. 管理好自己的欲望

苏格拉底是古希腊的智者，他是思想史上最伟大的人物之一，是一系列有智慧的哲学家的鼻祖，其观念和理想统治西方文明达数百年之久，并仍然影响着今天人们的思想。他极为克己、豪爽、高尚、勤俭，有很大的耐性，且没什么欲望。有一天，他看到很多奢侈品，发出感慨说，“啊，世界上有这么多东西是我不想要的！”即使在受审时，他也表现出庄严、坚定的态度坚持自己的观点。他认为正确的事情就去做，既不害怕，也不讲情面。他一生致力于帮助人们树立正确的思维，以便过上正当的生活[①]。这就是智者的思维方式，也正因为其致力于精神的富足，一生追求真理，哪怕失去生命也在所不惜。当今的人们满脑子物质欲望，以致“物质男”“物质女”这样的称呼成为时代的专有名词。可见，不同时代具有不同的崇尚对象，但从长远看，从人类的责任看，我们应该树立时代的正确价值观。这就要求加强群体的价值引导和个体的欲望管理，才能达到用正确的方法做对的事情的目的。

关于人的幸福的三个基本问题：人是什么？人有什么？人追求什么？地位，金钱，名誉，还是其他？不同的追求，决定幸福的程度是不同的。

现实社会中，很多人的消费是非理性的，因为，他们的消费，在很多情况下是消费给别人看的，有时还是“打肿脸充胖子”，不切实际地一味攀比。比如，看到同事背个名牌包，自己也千方百计地买一个，却并不了解，人家的包可能是别人送的，或者她家里很有钱，或者她

---

① 陈佩雄.西方哲学史[M].长春：吉林音像出版社，吉林文史出版社，2006：8.

是借来用用的。理性的消费至少要量入为出，要考虑物质的功能，而不是为了讲排场，充面子。不管是布包、皮包，还是草包，功能都是装东西用。无论什么品牌的包都同样能满足功能，最多名牌包用得时间长一些，但如果考虑性价比，不一定比草包实惠。

消费理性对于社会和个人都很重要。在我居住的小区(恐怕很多大城市都一样)，停车一直是个很难解决的问题，这是因为，很多车自从买来就没有开过几次。从10年前，我就趁机对小区的停车情况进行过简单的调查，无论是二环内还是四环外，北京的停车始终处于紧张状态，二环内由于城市建设比较早，很多小区都是老房子，建设之初就没有建立停车库或停车场，于是，小区里的车位基本上没有空的，原因不是缺少停车位，而是很多车是用来占车位的。我曾经计算过，即使是工作日，小区开出去的汽车也就是10%左右，结果，早上上班开出去，晚上回家基本上是没有车位的。一些退休的老同志“发挥余热”，用老年车为自己的孩子占位，虽然方便了自己，却长期占用公用资源，而使公共用地的利用率和使用效率极低。当然，对于那些买了车不开的家庭来说，虽然能够占用一个车位，但却使车子的使用效率更低。实际上，无论是小区、社会出现的问题，根子却在政策层面，比如，北京市规定摇号购车，本意是控制买车，减轻城市压力，但从10年前开始摇号以来，却出现了这么一种情况，需要车的人家因为摇不上号而不能买车，而不需要车的人家，错误地认为车号是稀缺资源，于是无论有无用处、是否需要，都加入摇号的队伍，更搞笑的是，往往这些人容易中彩，因此有的家庭有好几辆车，而这些车也就只有个占车位的作用。

在如今的北京，要想拥有一套供一家人居住的房子恐怕至少要500万元以上，但也有的人家已经有了两三套房子，还觉得房子小，要换个大房子，而且还追求要一个小园子，可以种菜、休闲、喝茶、聊天。有一天，我与同事逛紫竹院公园，正好又聊起这个话题，我不免想起了苏格拉底的话，同时也冒出一句俗话“大厦千间，不过身眠七尺”，如果不能很好地管理自己的欲望，一味非理性地消费和无休止地扩大欲望，可能无端地使自己陷入痛苦和辛苦之中。

“欲念之人，犹如执炬。逆风而行，必有烧手之患”。有欲望的人，就像持着火炬逆风走路，必然会有烧手的祸患。有这么一个故事，一位富翁拥有工厂矿石和巨大的财富，但却没有丝毫快乐，到了老年得了一身病，而且经常失眠，痛苦极了，于是他到处询问求解之法，一无所得。直到有一天，来到少林寺，看到了四十二章经中的几句话，突然醒悟。回去以后，他辞去了董事长职务，把所有的业务都推开，做一个打扫卫生的清洁工，几年以后，所有的毛病都不见了。这个故事无论真假，说明了一个问题，也就是管理欲望的重要性。现实中，很多官员享受着政府给予的各种福利，衣食住行一样不愁，却还在贪污受贿，最后受到党纪国法的严惩，根本的原因是没有管理好自己的欲望，缺乏理性的消费方式。进一步我们可以看出，这些人其实没有及时处理好物质和精神的关系，未能及时把物质转化为精神，这就告诉我们，除了给肚子吃饱饭，还应该给大脑装满知识。

59. 知道易与行道难

人一辈子应该知“道”，这个“道”用通俗的语言讲就是道理。否则，人虽然有很多知识，如果不知“道”，知识就不一定有用，有可能成为有害无益的东西。培根说“知识就是力量”，这句话流传了几百年，并没有错。但力量是中性的，力量的作用取决于掌握知识的人。知识掌握在具有正能量的人手中，会发挥促进社会进步，利于他人的作用;相反,则会祸害社会,损害他人,所以,满身负能量的人“知识越多越反动”。那么,怎样使知识用于正道呢?这就要有正确的思维来指导,就要知道人生的道理和方向,这样,光有知识是不够的,必须要有道理。

推而广之,科学技术越是发达,越需要有人文导向,否则,其双刃剑的效应就会表现得愈强烈,而越是威力巨大的技术,其危害性也就越大,核武器、基因武器、纳米武器即是明显的例子。有人说,技术是双刃剑,科学不是。但科学发现就像揭开一个个潘多拉魔盒,技术就是科学魔盒中的妖怪,科学的原理既可以转化成为善的技术,也可以转化成为恶的技术,正如核裂变可以制造原子弹,也可以建造核电站,提供清洁可再生能源。因此,在科学新发现产生以后,有必要对其技术转化和运用进行预判研究,并在此基础上,进行伦理约束,以开展负责任的研究。从哲学和人文的角度看,这种技术预判就是知“道”的过程,而通过传播,让更多的人尤其是公众知“道”,则就是科普的过程。科普在促进和实现负责任研究中发挥了重要作用,是一项充满正能量的事业。

知“道”的“道”虽有多重含义,但至少应该明白几个主要的意思。其一,熟悉知识本身包含的道理,即知礼节,守规矩,尊师长,爱老幼。其二,掌握知识只是具有一定的“术”,即技术、技巧、技能,只有从“道”的层面掌握知识,才能真正明白知识并发挥正能量的作用。其三,我们平时所说的“知道”,在一定程度上就是既掌握了知识,也明白了道理。联系到学习效果,就是不仅记住了,还会使用知识,能够通过考试出成绩,还能够灵活运用。按照老师的说法,就是真正明白了。无论从哪个层面看,知道比知识或熟悉重要,无论是教还是学,应该追求知道,而不是知识,要知其然更要知其所以然。

学点知识并不难，趁年少记忆力强，死记硬背就能达到效果。甚至在一定程度上，记忆力就决定了一个人的学习成就。但单纯记忆考试的模式，离知道还是有很长的距离。于是乎高分低能，有知识没文化现象，成为国内教育的副产品之一。

“嗜欲深者天机浅，嗜欲浅者天机深。”学习不能抱着强烈的功利心，所谓无用之用方为大用，乃万用之基。如果仅仅为了考试而学习，则只是记住了一个个知识点，很多内容并没有真正明白掌握，也就不可能“知道”。要把学习当作人生成长的过程，不仅在学校里学，还要无处不在地学，不仅年轻时学，而且要活到老学到老，树立终身学习的思想。不仅要学，还要思，还要做，培养学习和思考的习惯。

道，知道，非易事。学道、知道、明道、得道，对道的理解和掌握更为重要！

60. 太极思维的妙用

我练太极起初是为了保命。2007 年 10 月，由于劳累过度，我突发心梗，在协和待了半个月左右，确诊为冠心病。出院后，朋友介绍我学习陈式混元太极拳，大概学了几个月，感觉很受益。后来在日坛公园发现有个太极拳辅导站，由于离我住的地方近些，便兴起了在这儿练拳的念头。光阴荏苒，从 2007 年至今，我练习陈式太极拳也有近 16 年了，虽然练得不够勤奋，水平不高，但感觉受益良多，真正感到太极拳不愧是中华民族的瑰宝。

师父经常说，练习太极拳要做到松缓慢匀，就像在空气中游泳。太极的精髓就是要动静结合、阴阳平衡、虚实转换，重意不重形，要舍己从人、引进落空。总之，太极拳的拳理就是哲学思维的运用，既有中华民族文化的底蕴，又有智慧的结晶，既有哲学的抽象，又有科学的精神，既有道的意蕴，又有儒的风格。感觉练习太极拳不仅可以强身健体，还可以提升自己的精神和思维层次。

太极文化完全可以作为中华民族的文化符号，具有深厚的文化底蕴和历史渊源。我们之所以称其为文化，是因为它既生长于中华民族传统文化之中，本身又具有文化的各种特征和功能。从文化的构成要素看，太极具有物质层面、价值层面、制度层面和精神层面的构成特征。物质层面，有各种太极拳的拳种、运动场所和器具；从价值层面来看，太极具有天人合一、舍己从人、以柔克刚、引进落空等价值理念，是真正的辩证统一的哲学思想的运用和体现；制度层面，凡是入太极门，强调修身养性，强调尊师重教，强调德性和德行，具有严格要求；民间也有太极拳的组织机构，如各种太极武术馆、研究会、协会、辅导站、网站、公众号等；从精神层面看，太极的核心理论、理念和价值观，已经得到越来越多的认可，而且具有很强的推广应用价值，其市场也将越来越大。太极精神既是民族的也是世界的，既是历史的传承，更是现代的需要，而更为重要的是太极精神是人类文明共同的遗赠，也是世界非物质文化遗产，具有先进的文化价值。

随着人类社会的发展和技术的进步，太极文化必将成为世界文化，为人类的健康、文明、进步做出更重要的贡献。太极哲学具有指导人生的价值，是科学思维的运用和概括；太极又是实践性很强的理论，就像其要旨所概括的一样，其大无外，其小无内。在实践上，太极既可以是延年益寿的养生运动，又可以是知己知彼的技击拳术，是中华武术的瑰宝。太极系列刀枪棍戟拳剑齐全，是延续至今的较为完整的传统文化。

太极是宇宙大道在人体上的反映。中国文化从人文始祖伏羲一画开天后，有了天地阴阳之分。从易经看，一即是道，由此演化为一生二，二生三，三生万物，以致变化无穷，宇宙成焉；从太极说，一即从混沌初分阴阳，即代表太极，太极分两仪，两仪分四象，四象生而八卦成，万物演化均从384爻得到解说。易经八卦除了学者用于研究易理外，百姓和士大夫阶层大多用于算命卜筮。而太极则不然，自从太极武术兴起，太极不仅是一种哲学和理论，更是人们的实践，更为重要的是太极的实践，不仅仅是体魄的锻炼，达到强身健体目的，而且是精神实践，是一种身心合一的运动，也是大脑的体操。正因为如此，历代太极名师除了有高超技术以外，更是长寿和德高望重之人。太极的这种神奇功效，主要是因为太极的运动符合宇宙演化规律。比如太极拳的一招一式都是阴阳演化、动静平衡、攻守兼备的。我最早学习陈氏混元太极拳的师父冯志强就常把练习太极拳总结为“太极分阴阳，刚柔运八方”。在我看来，所谓八方即是我们现实中的宇宙概念，四维空间的正反面构成。如果结合中医对人体的解释和建构，人体器官五脏六腑都与阴阳五行相对应，生理气质的变化都与天干地支所划分的时辰相联系，那么，人体即是一个宇宙，是外界空间宇宙在人体的反映。从中华传统文化来说，也即是天人合一之理论体系的体现。而太极的实践运动，正是通过运行人体小宇宙，使之从混沌到有序进行循环演变，从而与外界宇宙变化相适应，达到强身健体效果。

太极是精神的实践，又有思维的力量。师父经常教导我们，太极拳的运动要注意做到“动静结合以静为主，快慢结合以慢为主，练养结合以养为主”，练习太极拳要松、静、缓，同时还要重意不重形。这里所强调的正是太极拳与其他拳种不同的地方，也是太极拳的特点和精华。很多人练了一辈子太极拳而不得其门的原因，恐怕也是没有领会到太极拳是一种精神实践的奥秘和道理。

太极即道，因为其不仅体现了宇宙自身的起源、发展规律，还体现了符合人体身心健康的运动规律。

从宇宙起源和发展层面看，现有研究成果表明，宇宙起源于大爆炸，最初是一个至高至密的奇点，大爆炸以后才开始“其大无外，其小无内”的时空，而且起初的宇宙时空是混沌无极的状态，经过亿万年的阴阳变化，用科学的语言说，是物理化学变化，才有了风雨雷电、寒来暑往、沧海桑田之演变，形成了大海高山、森林湖泊等自然分化。直到数百万年前才开始出现人类并逐渐进化成智人，而人类社会的形成只不过是近万年的时间，大约6 000年前进入奴隶社会，又经过数千年，直到2000多年前才进入封建社会。经过无数的斗争、生克变化，进入了近代社会。在宇宙演化过程中，无不体现出“有无相生，难易相成，长短相形，高下相倾，音声相和，前后相随”的道。而太极的思想同样遵循了无中生有、阴阳变化、内外合一、相生相克等变化过程，是道的实践。无论是道还是太极都是“易”的实践，反映了变化、求变、识变、应变的过程和规律。

如果说道是宇宙演变规律和人类社会发展规律，那么太极则是人体自身修炼的合乎规律的反映。怎么理解呢？我的体会是，人出生的时候，一切都符合道，抟气致柔，依道而行，处于混沌状态。此后，在成长过程中，各种矛盾斗争不断使得人体失去阴阳平衡，也就为各种疾病的发生提供了条件，在这种情况下，太极运动就是克服混沌和无序，使人有意识地调节情绪、运阴阳而济八方，使人体恢复自然状态，达到后天的阴阳平衡，同时使先天之气再度活跃，在意识的作用下，形成有序的力量，这种有序的力量就是一种正能量的表现，既可以卫自身，又可以克敌人，达到“反者道之动，动者道之用”的效果。

61. 突发事件与科普

突发事件直接危及人民的生命财产安全，有效预防和正确应对突发事件是避免重大损失的关键，而科普是提高应急素养、正确应对突发事件的重要措施。近年来，国家高度重视公共突发事件的应急管理工作，制定了《突发事件应对法》和各类应急预案，党的十九大以后，组建成立了应急管理部。整体应急管理体系不断完善，但从预防和科学应对方面看，尚未建立应急科普工作的有效机制。

随着科学技术的高速发展，科技与社会发展的张力不断增大，一些全球性问题不断困扰着各国决策部门，各类科技项目、科学议题成为处理公共突发事件必须考虑的主体和手段，科技本身的进一步发展也要取得决策部门、公众、社会的理解和支持。科普成为解决科技与公众、科技与社会之间张力的有效途径。缺乏有效的应急科普机制，容易导致社会公众感知真相出现谬误，在网络传播环境中极易诱发舆论热点、负面舆情甚至群体性事件，给社会带来不稳定，阻碍事件的处置或相关科技政策的落实。从日本核泄漏造成的抢盐风波到我国 PX 项目在多地屡遭抵制，从“黄金大米事件”到“塑料紫菜谣言”，从新冠肺炎暴发初期的各种不实言论到重视科普使其发挥稳定人心形成治理合力的局面，均凸显了应急科普在应对公共突发事件中的重要性。

在我国，应急科普工作主要从属于国家应急管理体系建设并随之而发展。早在 2003 年的“非典”事件之后，我国就开始加强应急管理体系的建设。2006 年设置了国务院应急管理办公室。2018 年国务院又实施了部门机构改革，组建了应急管理部，加强了国家应急总体预案的规划能力。截至目前，我国应急管理已经基本建成了中央统筹指导、地方作为主体、灾区群众广泛参与的灾后恢复重建机制；初步建成了国家应急平台体系，成立国家预警信息发布中心和国家应急广播中心，建立网络舆情和各类突发事件监测预警体系。随着国家应急管理体系日益完善，应急科普工作也日益受到重视。2017年，科技部、中宣部联合制定的《“十三五”国家科普和创新文化建设规划》专门强调了应急科普能力建设问题，要求各级政府针对环境污染、重大灾害、气候变化、食品安全、传染病、重大公众安全等群众关注的社会热点问题和突发事件，及时解读，释疑解惑，做好舆论引导工作。《全民科学素质行动计划纲要(2021—2035年)》明确将应急科普作为重要内容，与此同时，各地区、各部门结合重大热点科技事件，组织传媒与科学家共同解读相关领域科学知识，引导公众正确理解和科学认识社会热点事件。对涉及公众健康和安全的工程项目，建立面向公众的科学听证制度，扩大公众对重大科技决策的知情权和参与度。

从现实来看，各级政府在应对突发公共事件中，越来越重视科普的作用，对应急科普机制进行了有益的探索：第一，探索建立了各种应急科普的常态化平台。例如，部分地区建立了应急科普的场馆，开通了广播电台或电视栏目，基于这些平台并结合本地区易发性的热点舆情或突发事件开展常态化科普教育活动。第二，加强新媒体在应急科普中的运用。面对热点舆情或热点事件，不少政府机构积极利用传统媒体以及官方网站、政务微博等新媒介创新应急科普的方式，效果明显。第三，注重应急科普的民生价值。有些地方政府积极举办“专家与民众面对面”的活动，围绕与普通百姓密切相关的民生类热点、焦点问题，运用喜闻乐见的本土形式进行科普，提升了民众的科学素养和生活与生产技能，进一步展现了应急科普的重要应用价值，增强民众的获得感。

但是，从总体上看，尚未形成比较成熟的体制机制。首先，应急科普的顶层设计尚不完善。应急科普属于应急管理的重要组成部分，但是，应急科普工作本身具有一定的独特性。尽管目前我国各级政府和职能部门已经相继建立了突发事件的应急预案和管理体系，但是，却未建立应急科普的相应管理机构和工作机制。

其次，应急科普主体缺乏协同。应急科普的参与主体一般包括政府、科学共同体、各类媒介和公众，但目前仍缺乏有效的协作机制，主要是政府、科学共同体和各类媒介经常出现越位或缺位的问题。比如科学家的缺位，导致有些媒体充当了科普内容生产者的角色而发布了不科学的信息。政府组织职能的缺位可能导致应急科普的碎片化和分散化，难以形成合力，甚至出现媒体与科普工作者内讧，引起更大的社会质疑和恐慌。

第三，应急科普的内容资源比较分散。目前，我国缺乏系统性、分主题、有针对性的应急科普内容资源库建设，尤其缺乏在线应急科普资源网站建设。以线上应急科普资源建设为例，目前多数科普内容资源都分散在不同网站、不同部门、不同机构，尚未形成统一的科普资源库，不少优质的应急科普资源出现闲置或浪费，而亟须的应急科普资源又十分缺乏。

第四，应急科普的体制机制比较单一。应急科普内容的生产、传播、教育形式主要采取行政计划机制，这种体制和机制难以做到精准供给，不能实现高效率的供需对接，从而使得市场发育不良，难以形成规模生产和有效率的企业。由于机制单一，市场发育不良，导致科普内容在呈现上缺乏多样性和吸引力，表现为简单的图文形式，不能随着技术进步和公众的需求进行创新，如适应新媒体、自媒体繁荣的需求，创作短视频，提供公众喜闻乐见、易学易懂的作品。对于普通公众而言，可读性和可理解是十分重要的，因此，加强应急科普资源供给侧改革非常急迫而又必要。此外，在传播媒介上，应急科普更多依托传统广播、电视、报纸、政府官方网站来进行，通过微博、微信、直播等新兴媒介进行应急科普的并不多见。

因此，建立有效的应急科普机制，有助于防范与化解重大风险，在组织上、技术上、机制上形成有效的应对系统。

第一，完善应急科普的顶层设计。健全应急科普相关的政策法规。在当前各级政府的应急管理预案中补充应急科普的工作预案，将应急科普工作纳入政府应急管理能力考核范畴。推动地方各级政府建立涉科学议题的热点应急科普预案和实施规则。在条件成熟的情况下，将应急科普纳入法治化轨道，探索制定《国家应急科普条例》。结合国务院关于政府舆情回应的通知要求，各地方政府建立相应的实施细则，明确应急科普机制建设的相关责任主体和工作机制，从法制层面保障应急科普工作的有序开展。

第二，在应急管理部门成立科普工作委员会。一是成立领导机构。在各级应急管理部门设立应急科普中心或办公室，负责各级应急科普的组织实施工作。二是成立工作机构。建议中华人民共和国应急管理部与中国科协联合成立科普工作委员会，各级政府与同级科协建立相应科普工作委员会。由各级科协主席牵头担任委员会主任，负责遴选各领域相关科普专家、社会学家、传播心理学家、本地区知名媒体代表担任成员，并集结各领域的科普人士组建科普专家库。在应急状态下，科普工作委员会负责社会热点科学议题的研判与会商，联络协调在库专家开展应急科普服务供给。

第三，加强应急科普热点的侦测和预警。建议在政府舆情管理系统中嵌入类似科普热点的侦测与分析模块，通过自建舆情分析系统或由市场舆情分析机构提供外包服务，探索基于大数据的科学热点动态监测，及时向政府部门发出应急科普需求的预警，以便及时做出回应。

第四，建立供需对接机制开展精准科普。推进“科普中国”的应急内容建设。整理现有各类优质科普内容，建立类似“维基百科”式的在线科普资源库，按照主题进行分类和编列条目，形成公众可以在线按需检索的科普“信息中心”和“数据超市”。各级政府可根据本地区的易发事件建立应急科普的官方网站，进行日常预防性科普内容推送。同时，针对公共突发事件，提倡构建包括微信、微博、公众号、新闻客户端在内的线上媒介传播矩阵，开展网络直播、在线对话等互动式应急科普，使公众科普需求的在线表达与科普服务的有效对接。

第五，建设应急科普基础设施网络。以区县为单位大力建设基层应急科普场馆设施，做好应急科普的中长期规划和年度计划，做到应急科普教育的常规化、常态化和制度化，以真正体现安全应急科普的以防为主、教育普及优先、科学应对的应急科普理念和精神，把灾害和突发事件的损失降到最低限度。

第七章　智慧来自正确思维

远大的理想始终是一个人取得成功的动力和方向，正如爱因斯坦所说："一个人的价值，应该看他贡献什么，而不应该看他取得什么。"付出永远比得到快乐！

62. 正确思维伴你前行

如果有人说，上帝创造了世界上的一切，同时主宰着所有人的命运，你会怎么想？

如果有人告诉你，外星人已经来到地球，并与先进的国家合作，控制着地球和人类的命运，你会相信吗？

如果有人要求你，生病了不用去医院看医生，他给你发功念咒，或者去庙里烧香拜佛，你就可以痊愈，你会怎么做？

当你遇到一些疑难问题，或者需要确证某个知识概念，于是上网查询，结果有各种不同的说法，你会如何取舍，如何判断真假，相信哪个答案？

学生们临近考试，尤其是重要关口的考试，比如中考、高考时去祈祷、求神灵保佑，你怎么看待此类行为？

更苦恼的是，现在各种短视频、网络信息到处传播，貌似有图便是真相，实际上却真假难辨，一些高技术如 Deepfake 被用来专门造假，即使专业人员也难以辨识，更不用说普通公众，又如之奈何？

以上这些都是日常生活中可能遇到的一些问题，但不同的思维方式，不同的态度，不同的做法，会有不同的结果。

那么，如何用正确的方法取得对的有效的结果呢？这就需要“正确思维”加以指导，才能摆脱烦恼、苦闷，才能不迷信和盲从，才能实现人生目标。

用正确的方法做对的事情，这是一种共同的价值追求，是正能量的选择，也是快乐的源泉。对的事情来源于正确的理念和信仰，用通俗的说法就是要有德行，德为帅，才为技，没有德，才能越大危害也越大。远大的理想始终是一个人取得成功的动力和方向，正如爱因斯坦所说：“一个人的价值，应该看他贡献什么，而不应该看他取得什么。”付出永远比得到快乐！

我们今天的幸福生活，是无数充满理性和信仰的革命先烈抛头颅洒热血取得的。可以想象，如果没有坚定的共产主义理想和信仰，在艰苦的革命斗争中，就会要么当了叛徒，要么成了逃兵。今天我们处于和平年代，更需要胸怀“国之大者”，为国家的强盛，为中华民族伟大复兴，努力学习，勤奋工作。

马克思在《青年在选择职业时的考虑》一文中指出：“历史承认那些为共同目标劳动因而自己变得高尚的人是伟大人物，经验赞美那些为大多数人带来幸福的人是最幸福的人。”

有了对的方向，还要有正确方法。正确的方法靠思维，靠科学思维，进一步说是科学思维产生的方法，即科学方法。它由一系列的思维方式和技术方法构成，其中最主要的是唯物辩证法、逻辑思维、批判思维、怀疑思维、战略思维、底线思维、评估思维及其工具箱。有了科学方法，还需要有人文导航和价值导向，做一个正直、善良、诚信的人。

一个人不说假话，诚实守信，心地善良，乐于助人，是我们做人的基本要求，也是做人的底线。做好了这些，才能做到“路窄处留三分于人行”，同类相怜相惜！“我不下地狱谁下地狱”，善良就是正念的由来，就是人生的底色，就是人性的基础。有了这样的基础，我们还需要有坚定的意志，所谓“滴水穿石，非力使然，恒也！”

“但行好事，莫问前程。”“欲当大事，必须笃实”。中国传统文化充满智慧，我们在掌握科学的思维和方法的基础上，也要结合前人的经验总结，这样才能由知识而转化为智慧，由思维而活跃知识，由科学而融合人文，才能真正把东方智慧融进现代科学之中，为人类做出更大的贡献。

一个人只有走了足够多的路，能力积累到了一定高度，人生才会是另一番境遇，才会遇见更高质量的圈子，才会成就更好的自己。所谓“功夫不负有心人”，所谓功夫，既是时间的积累，也是意志的考验，用正确的方法做对的事情，就一定会产生“功夫”，达到“积跬步至千里”之效果。

做一个勤奋耕耘的笨人。天道酬勤不仅是天机，而且是生存法则，也是科学规律。因为它符合投入产出、能量守恒定律，符合舍得、为无为、无心机的思维法则。

山高人为峰，积累够多，就会有比别人高的见识、比别人宽的视野、比别人大的格局。当你站得足够高，必然就有足够的势能，而这个高度与之前的潜入深度是成正比的。龙潜于渊，阳之深藏。人只要做到沉心踏地，躬身深耕，练好自己的本事，就一定能正能量爆棚。

当你累积的正向势能大于惯性的力量时，你就能打破现状，你努力的事情自然会出现转机。你若盛开，蝴蝶自来。正确思维，正能量自来。愿大家都带正念，充满正能量！“唯累过，方得闲；唯苦过，方知甜；唯走过，方知前”。正如总书记告诫我们的“中华民族伟大复兴，绝不是轻轻松松、敲锣打鼓就能实现的”[①]，必须“撸起袖子加油干”，“实现伟大梦想必须进行伟大斗争、建设伟大工程、推进伟大事业”[②]。

63. 做有思想的阅读者

阅读的重要性不言而喻。从古至今，阅读都是人类跨时空进行知识传承、思想交流的重要途径[③]。现代社会，阅读不仅是重要的知识来源，更是知识流动、信息交流的主要方式。然而，随着信息社会的到来，海量信息充斥着世界的每一个角落，对于个体而言，受到时间、专业的限制，往往对阅读的内容难辨真伪，要真正从阅读中受益，就需要对阅读的知识、信息和内容进行判断、评估、选择和取舍，也就是做个有思想的阅读者，才能真正发挥阅读的作用，汲取丰富的营养。

当今社会，知识的丰度和人们获取知识的方法都发生了前所未有的变化。我们每天都在阅读，但给人们带来的可能不是获取知识的喜悦，有时反而是真假难辨的烦恼，甚至是时间被白白浪费，大量的碎片化信息给人们造成身心疲惫和判断、选择上的困难，以致一些老年人为了健康，听了各种自相矛盾的观点甚至是“科普”知识，感到不知怎么吃、怎么锻炼甚至是不知怎么活了。可见，为了适应形势的

---

① 习近平：中华民族伟大复兴，绝不是轻轻松松、敲锣打鼓就能实现的 https://www.sohu.com/a/198603692_267106

② 本书编写组.中国共产党简史[M].北京：中央党校出版社，人民出版社，2021：463.

③ 王余光.中国阅读通史[M].合肥：安徽教育出版社，2017.

变化，提高公众的科学素质，显然光有知识已经远远不够了，需要用科学精神指导阅读，用科学思想和科学方法对阅读的内容进行分析和判断，才能区分和选择。否则，不仅做不到开卷有益，还会受到不良内容的错误引导，甚至走向邪路。比如，一些伪科学的内容，往往迎合人们成仙成佛高人一等的心理，诱导人们相信一些无法证实的虚构故事，产生心理幻觉，而走向邪路。还有一些内容，虽然历史悠久，但本来就是糟粕，如果阅读面不够宽泛而又缺乏判断力，也会导致迷失。比如各种神功异能之说，一旦迷信它，就会走火入魔。

有思想的阅读者是新时代个体科学素质的重要表现，也是个体科学素质不断提升的正确途径。所谓有思想的阅读，简单说就是学而思的一种表现。这种阅读方法不仅具有效率高、记得牢等特点，还有易于转化和运用的效果。那么，怎样做一个有思想的阅读者，从而提高学习效果，发挥阅读的力量呢？

首先，要做一个有信仰的阅读者。有信仰的阅读者要有理性的思维，比如以历史唯物主义、唯物辩证法为指导，具有逻辑思维、批判思维、评估思维等思想和方法。最基本最容易的做法是保持思考，不要轻易下结论；对于难以实证，甚至只是别人的经历且又超出常理、违背常识的现象，要有怀疑性思维，采取悬置判断的态度；即使一些看起来有理的内容，也要多角度加以衡量、评估、比较，以避免“盲人摸象”的片面结论。

第二，正确处理好阅读的几个关系。这是提高阅读效率的基本方法，也是对思考阅读的基本要求。一是泛读和精读的关系。对于一些辅助性材料可以采取泛读，或者只是涉猎的阅读方式。二是系统性阅读和涉猎性阅读的关系；比如对于自己研究的领域或专业，就要系统性阅读，而一些相关的娱乐性、非专业的知识则只是涉猎性浏览。三是学与用的关系，对于用来解决实际问题的知识和技术，就要精读精通，要结合运用反复阅读。所谓“纸上得来终觉浅，绝知此事要躬行”，这些方法学校老师经常会提到，不再赘述。

第三，做到学思行结合。一是不仅要学，还要习。所谓“学而时习之，不亦乐乎”，就是要学和习结合，实则是结合思考和练习，才能巩固和掌握。二是要知行合一，用实践验证自己是不是真明白理解了，也可以通过实践来证实或证伪。三是要具体问题具体分析，对于不能用实践检验的内容，或者夸大其词的说法，就要用评估思维、怀疑思维或批判思维进行深入分析。所谓尽信书不如无书，讲的就是要正确对待书中记载的内容。

第四，高效利用时间。每一个人拥有的时间都是相同的，谁利用时间的效率高，谁就能胜出。花费在无用之处的时间多了，不仅得不到养分，还耗费精力，干正事的时间就少。我总觉得科普阅读比起其他内容的阅读具有更高效率，因为科普的特性是科学性、通俗性、艺术性的统一，要求内容正确、容易懂。这样，通过科普阅读，就能获取真知识，至少有专门的机构对这些内容进行把关，并及时对一些错误信息进行辟谣或纠错。

现实社会中所谓天分高的人，大多是勤奋好学的人，大多是会阅读的人。处在信息爆炸的时代，最困难的事情是要学会如何集中注意力去学习，如何在信息海洋里做减法，获取自己所需要的有益知识，有效驾驭知识之舟。在碎片化的信息和嘈杂声音里，如果没有足够的定力，连自己都迷失了，就很难找到出发点、正确的方向和目标。

社会上有很多人，看起来也很勤奋，但一生都碌碌无为，他们不能像蜜蜂那样采蜜，而是没有目标和方向，也不能有效分配时间和精力，既没有发现用力的基准点，也不能在坚实的基础上用力，如同在沼泽地里向前跑，越用力越陷得深。现实中相反的案例是，一个没有多少学问的人，由于拥有最原始的动力，找准用力的方向，心无旁骛，脚踏实地前行，结果遇山过山，遇海过海，反而可以有效地直接到达目的地。

阅读而不得其法，书读多了却读不透，也是可怕的事情。一知半解，似懂非懂，导致这些知识没有办法转化为个体实力，成为表面知识，或嘴上功夫。这就是人们常说的书呆子，也是典型的没有思考的阅读，这种至多只是单纯记忆阅读，看似知道不少，实则食古不化，没有转化，只是转述别人的知识经验而已。

会阅读是非常重要的，做一个有思想的阅读者可能是走向成功的关键，当今世界尤其如此。结合思考的阅读，一定是有收获的阅读，就如海边的游客，浸泡一会儿海水，与那些捡了贝壳的人相比，其获得感可能完全不同。

64. 真知识与智慧之源

大家都熟悉《圣经》中关于伊甸园的故事，亚当和夏娃在蛇的诱惑下偷吃了智慧树上的果子，开始有了智慧（羞耻心），同时也对世界充满了好奇。于是，被上帝逐出了伊甸园。那么，上帝为什么要驱逐他们呢？依据故事推理：一是怕他们继续偷吃生命树上的果实而变为与上帝一样“永生”；二是好奇既可以增加知识，也可以错误地打开“潘多拉魔盒”，放出祸害世间的魔鬼，给上帝的统治和管理带来麻烦；三是有了智慧就有了无穷无尽的争斗，从此世间不得安宁，正如老子所谓，“智慧出，有大伪”。当然，对于人类来说，如果没有亚当和夏娃的好奇，之后几千年的历史就可能改写，也就没有当今科技创新所带来的一切成果[①]。

好奇心是探究的原始动力，是新知识产生的源泉。虽然从知识传承的角度看，历史上一些权威知识的衰落也是从好奇心引发的探究开始的，但正是这种探究使人们对权威产生怀疑，从而促进了科学理性的回归。与此同时，好奇所产生的探索结果，揭示了一些虚假的知识和理论，进一步对天经地义的宗教教义产生怀疑和质疑，并提出新理论，促进知识的进步和新理论的产生。可见，因好奇心而产生的新知识探索，成为一些权威知识尤其是基于信仰的权威知识的掘墓者[②]。因此，基于信仰的权威知识是惧怕好奇心的，但科学知识却欢迎好奇心和怀疑精神，事实上科学认知的新路径也是由此打开的。通过科学研究揭示自然界和人类社会的新面目，导致新发现，产生新知识，是科技发展的主要历程。这也是科学知识与非科学、伪科学知识体系的主要区别。

我们不仅要有探究和发现新知识的智慧，而且要有识别假知识的能力，具有选择和运用真知识的智慧。这是因为，进入 21 世纪，科技发展呈加速态势，科技对社会、自然环境乃至人类自身的影响也与日俱增。比如，一个世纪以前，科技创新只是为人类提供了知识和技术，延伸了人的肢体功能，制造了生产工具，提升了人类从大自然获取各种物质的能力，促进了社会经济的发展和自身的健康长寿。与此同时，也制造了大规模杀伤性武器，甚至是毁灭性的武器，如核武器、生物武器、基因武器等。虽然如此，人类一旦意识到这些技术可能带来共同毁灭的危险，就会自觉协商，成立相应的国际组织，约束

---

① 这里是以情推理，但实际上《圣经》是虚构故事，不存在真实性。

② 菲利普·鲍尔.好奇心：科学何以执念万物[M].王康友等，译.上海：上海交通大学出版社，2017：3.

其使用方向，并在一定程度上具有抑制大规模冲突的可能性。人类应该具有这样的智慧，否则，随着科技发展对人类的作用进一步扩展，不仅可以延伸四肢的功能，还扩展到大脑层面，形成了智慧科技，同时微观上可以编辑和改造基因；此外，创造出生存的虚拟空间，甚至是功能强大的“新物种”（如智能机器人）。如果没有自我约束和明智的选择和管理，新知识也可能导致对地球可持续发展和人类自身物种延续的严重威胁。

随着科技对人类社会和自然环境的影响日益加深，我们在保护好奇心以增加探索欲望，提升创新动力的同时，也要对好奇心及其引发的探索和创新进行管理，以防止打开“潘多拉魔盒”，把吞噬人类生存的魔鬼放出来，为祸世界。这个话题已经引起各国政府和科技工作者的高度关注。在中国，2020 年 10 月 21 日，成立了国家科技伦理委员会。国家领导人指出，科技是发展的利器，也可能成为风险的源头。要前瞻研判科技发展带来的规则冲突、社会风险、伦理挑战，完善相关法律法规、伦理审查规则及监管框架。2022 年 3 月，中共中央办公厅、国务院办公厅印发《关于加强科技伦理治理的意见》。这是中国科技伦理治理的标志性事件，文件的出台为把握科技发展的正确方向提供了一个新的视角和标准。

用正确的方法做对的事情。随着全民科学素质的不断提高，人们把科技发展成果作为工具，以改进生产，提高技术，增进福祉，并且运用的范围和领域越来越广泛，但如何保障其发挥科技正能量，确保未来安全，则需要引起高度关注。20 世纪，当原子弹在广岛和长崎爆炸，导致日本军国主义灭亡的同时，也震惊了世界，警醒了科学家。为了不至于毁灭地球上的人类，爱因斯坦等科学家立即给美国总统写信，反对使用原子弹，并积极建言献策，成立世界组织，管理跨国事务和冲突[1]。在科学家的努力下，组建联合国等国际组织，签署了《禁止核武器扩散公约》。今天，能够导致全球危机的技术不仅仅是核武器，还有基因编辑、未知病毒、人工智能、脑机接口等技术，大规模杀伤性武器的拥有量更多，危害更大，在这种情况下，我们应该考虑约束管制科技的使用，也应该约束和规范科技发展的方向，至少要科学评估科技的影响，做到负责任地研究和创新，以免毁灭人类自身。

要做到负责任地研究和创新，光有伦理约束还不够，还需要广大具有科学素养的公众进行监督，这就要求广大科学家肩负起科普的社会责任，提高公众的科学素养。科学家的科普责任不仅是把自己的研究成果推广使用，也不仅是承担告知公众的义务，而是要担负起维护人类安全的责任。在中世纪禁锢科技思想和探索研究的时候，那时的科学家用科普唤醒公众的理性和科学意识，促进了人类文明的跃升发展；今天，当科技发展给人类自身和环境造成危害的时候，同样需要用科普警醒公众，自觉遏制技术滥用，修复环境，保护物种多样性。

65. 生活中需要的智慧

有一段时期，神州大地流行宫斗剧，其中有一剧名叫《延禧攻略》，着实火了一阵子。地铁、公交车上人们议论的是它；在办公室，电脑弹出的广告也是它，更重要的是网友的好评很多。于是，我好奇心骤增，就想看看这个剧好看在哪里，有什么特殊之处。因此，花了将近一个星期，总算看完了。最大的印象是魏璎珞这个角色很厉害。无论她身处何地，面对何人何事，总能脱颖而出。

---

① 阿尔伯特·爱因斯坦.我的世界观[M].方在庆，译.北京：中信出版社，2018.

如今回顾整个过程，发现这个人物具有重要的特点，用现代语言来说就是具备科学理性和科学思维。表现在：

一是技艺高超且精益求精。这可以从她在秀坊里的表现得到说明。中国的传统文化总是一味强调中庸，为此还专门有一些醒世名言相劝。比如"木秀于林，风必摧之""出头的椽子先烂""人怕出名猪怕壮"等，意思是告诉你不要冒尖。但是，对于技艺来说，只有精益求精，做到第一，才能获得超额利润，才能在市场中立于不败之地。在当今的互联网时代更是如此，互联网时代只有第一没有第二，追求的就是创新，就是冒尖。所以，《延禧攻略》中的魏璎珞在封建时代就能做到不畏人言，不畏强暴，没有一点"理性精神"和不服输的劲头是不行的。

二是思维缜密且逻辑性强。这可以从其面对一系列构陷和摆脱面临的困境上得以证明。其实，魏璎珞使用的是刑侦技术中最基础的逻辑推理和求证。虽然众多妃嫔都说她是巧言令色，能言善辩，但皇帝在严密的逻辑和证据面前，不得不维持公正，而妃嫔们也只好心服口服。即使在现代社会，要做到这一点也是不容易的，但如果你有基本的科学知识、方法和思维，就能够去伪存真，由表及里，由此及彼，把事实和证据呈现眼前，让人信服。可见，任何时候，投机取巧只能得一时痛快，却不能长期立世。

三是崇尚正义且忠诚有加。这可以从她对先皇后容音、乾隆皇帝、婢女明玉等的一系列事件中得到例证。封建社会等级森严，不同等级之间的沟通是很难的，下层社会上升的通道也就很窄，要么是通过战功被封赏，要么是科举登科及第，抑或皇帝钦点或宠信。从清朝的等级制度来看，包衣奴才魏璎珞要想成为妃嫔，只有得到皇帝的宠幸，这也是最难的一条路，但魏璎珞却成功了。细究起来，魏璎珞的成功有其必然性。主要是由于其正念所致。从剧情一开始，绣女之间的倾轧，魏璎珞用自己的智慧救助了弱者吉祥，躲过了陷害，就可以看到其正义的理念和气概。随后，在为皇后制作礼服的过程中，在应急处置绣线被偷而因祸得福的场景中，我们又可以看出因正义而得到的福报，被皇后赏识而调入长春宫，并表现出"兵来将挡，水来土掩"的勇气。为了皇后而机智勇敢面对一切争宠情敌，有效地保护了皇后安全，直至不在皇后身边时，情敌暗算得逞，皇后失去生命。全剧仅围绕其改变理念，为皇后报仇并实现自己价值的一系列忠诚行为，都让无数观众唏嘘不已，佩服有加！

四是坚韧不拔且理性对待。几次身处困境，都是靠这种态度、这股精神支撑并战胜对手。有了坚韧不拔的精神品质，才能在逆境中不沉沦，才能抗击各种人心险恶、政治风暴，应对危机，伺机再起。哪怕被打入冷宫，被发配辛者库，还能不忘初心，坚持正义。但又时刻不忘危机，理性对待，就连战胜老皇后以后成为新皇后的胜利者，也不得不正视其力量，担心其正义的阳光照出了自己内心的黑暗。这位新皇后说："魏璎珞连刷净桶都能做到极致，都那么与众不同，这样的人难道不可怕，不应该敬畏吗"？只能逆来顺受的坚韧是没有力量的，只有思想没有行动是没有结果的，只有敌意没有智慧则是十分危险的。理性不仅是科学研究的法宝，也是立身处世的重要根基。违心奉承，悖理谄媚，只能得一时，不能成大功！

五是大局意识且维护弱者。主要表现在与皇后达成协议，不准伤害孩子；危急时刻救出五阿哥；忍辱负重揭穿沉璧等。

现代社会中，人们总在讨论，为什么中国获得诺贝尔奖的人比较少，近代科学为什么没有产生于中国，恐怕主要的原因还是跟文化、制度、精神和价值追求有关。即使是当今的后生，大多数人也都安于现状，不思进取，追求的是人群中的“好人”形象，而不是事业上先进。这种文化与市场经济体制是格格不入的，是背道而驰的。在创新创业的新时代，就是要求技艺高超，崇尚工匠精神；弘扬科学精神，追求新的发现发明。这样才能不受制于人，才能成为科技强国！

其实，在中国传统文化中，充满理性智慧的故事很多，有的内容既有丰富的人文内涵，又有饱满的科学精神，更有正义理性的气节，可惜的是，在传承过程中没有从科学技术的视角进行整理和审视，以致即使有些重要的发明，也仅仅停留在低层次的运用上，比如“四大发明”中的火药和指南针，正如鲁迅曾经说过的：外国用火药制造子弹御敌，中国却用它做爆竹敬神；外国用罗盘针航海，中国却用它看风水。因此，在新时代，我们应该用现代的科学文化改造传统文化，用现代科学思维解释传统文化，为建设人类命运共同体贡献中国智慧。

66. 科学思维与思想实验

说起思想实验，最著名而震撼人心的莫过于爱因斯坦的光线实验，著名的狭义相对论即源于此。爱因斯坦 16 岁的时候，做了一个思想实验。当时，他幻想一个人在宇宙中追逐一道光线，并作如下推理：如果这个人以光速在光线旁边运动，那么他应该能够看到光线成为“在空间上不断振荡但停滞不前的电磁场”[①]；如果超光速运动，就应该让时间倒流，能够看到爷爷奶奶年轻时的模样。爱因斯坦认为，这个思想实验证明，对于这个虚拟的观察者，所有的物理定律应该和一个相对于地球静止的观察者观察到的一样。因为有思想实验，才

① 刘继军.爱因斯坦想象颠覆世界[M].北京：北京联合出版公司，2016.

有相对论的发现以及物理学的新革命。而如果以超光速运动，则可能会导致时间倒流，即一个人变得越来越年轻，正所谓“天上才一日，地上已一年”，如果在天上待时间久了，回到地球时，年轻时的伙伴已经变老了。

思想实验就是利用想象力和逻辑来完成的实验，这些实验往往是现实中无法做到的，或者现实世界中难以达到实验所要求的条件。历史上比较著名的思想实验包括伽利略的球体实验、爱因斯坦的相对论、霍金的黑洞理论等，目前物理学界一直在探索的大统一理论也要从思想实验开始。

思想实验一定程度上是理论创新的基础，但要区分思想实验与异想天开或伪科学之间的差别。科学思维产生的思想实验，一般可以通过观测事实得到证实或证伪，至多只不过有些思想实验受条件局限暂时无法证实而已，而一些超自然或迷信现象，则完全不可能证实或证伪，很多伪气功、超心理学的范畴即是如此。

在科学发展历程中，凡是伟大的人物，都有伟大的思想，正是思想成就其伟大。在某种程度上，“心有多大，世界就有多大，成就也就有多大”是成立的，这不是唯心主义，而是意识反作用的基本表现。但是，有想法还要有实践，否则就可能是幻想、空想。思想实验是科学研究的高级思维，很有可能需要很多人用很长时间才能验证，但有一点，这种思想是可以验证、可以付诸实践的。“实践是检验真理的唯一标准”，只有努力实现憧憬，才能验证思想的正确与否，才能发挥思想的真正作用。科学家更是如此。一个富有探索精神的杰出思想家，同时也应该是一个具有高度社会责任感的正直的人。

在人类社会发展的历史进程中，有很多思想家、哲学家提出了很重要的思想。这些被证实的思想就成了科学的理论基础，未被证实的就会成为人们探索前行的命题或假说，当然也有一些永远无法证实的幻想、假象，甚至虚构的内容。这些思想有的可能成为宗教信仰，有的成为哲学思辨，有的成为欺骗人的伪科学。虽然这些思想都是人们探索前行的动力，但只有真正的科学思想才能成为人类探索真理的灯塔。

思想是行动的指南。思想的境界就是人生的境界，爱因斯坦告诫青年人："你们懂得应用科学本身是不够的。关心人的本身，应当始终成为一切技术上奋斗的主要目标；关心怎样组织人的劳动和产品分配这样一些尚未解决的重大问题，以保证我们科学思想的成果会造福于人类，而不至成为祸害。"他认为，"人只有献身于社会，才能找出那实际上是短暂而有风险的生命的意义"（这一点与马克思有异曲同工之妙），"一个人的真正价值首先决定于他多大程度上和在什么意义上从自我解放出来"。他自己这么说，也是这样做的。"二战"时期，爱因斯坦在对待原子弹等核武器上的担忧和态度，以及为此所做的努力，就是明证。

爱因斯坦的一切成果源于其思想，基于这种思想通过实验证实，并发现一般性原理。无论是广义相对论还是狭义相对论，甚至量子理论，都是如此。比如狭义相对论的发现，爱因斯坦从学生时代就一直琢磨，假如以超光速运动将会发生什么，既然时间和空间都与运动有关，那么速度肯定会影响时空状态；对于量子理论，当初也只是想，热运动无限扩散，进入粒子状态会是什么情况，将会发生什么，有了这样的想法，才紧跟着有了探索实验，也才有一些新的发现。

其实，哲学家更擅长于思想实验，只不过他们经常提出思想，而没有让实验求证跟上，这可能是科学家与哲学家的不同之处。而缺少实证，很多想法只能成为空想或假说，不能成为指导人类实践活动的科学理论。更多的理论甚至发展成为唯心主义的“心学”，比如，一些哲学家认为，客观世界本不存在，一切都是心的产物，是“想”出来的，或者说是意识决定物质。

爱因斯坦在普鲁士院士就职演说时曾指出：“理论家的工作包括两部分，第一部分就是发现事物运动变化的基本原理，第二部分就是用这些原理推导出新的结论。”大多数人在学校教育过程中都受到过这些训练，对于第二种能力也都具备，但对于第一种能力则大多数人仅基于经验得出个别“原理”，这是不够的。基于经验得出的个别原理只能用于解决日常事务，要用其得出普遍的结论则远远不够。

67. 互联网与科学思维

互联网时代有三大定律，即：摩尔定律、吉尔德定律和迈特卡夫定律。

高登·摩尔(Gordon Moore)预测，集成电路的复杂度(可被间接理解为芯片上可容纳的晶体管数目)每年增长一倍。1975年，他将预期改为每两年增加一倍，性能也将提升一倍，但价格几乎不变。这一定律被后来的信息技术发展所证实，而更为神奇的是，随着集成度的提升，集成电路即芯片的成本却不断下降，这为互联网的兴起及计算机的普及提供了理论和现实依据。

与摩尔定律相联系的另一个网络定律是吉尔德定律(Gilder's Law)，即主干网带宽的增长速度至少是运算性能增长速度的三倍。吉尔德定律和摩尔定律之所以联系在一起，是因为带宽的增长不仅仅受路由传输介质影响，更主要的是受路由等传输设备的运算速度的提高，和作为节点的计算机的运算速度加快的影响，而后者是由摩尔定律决定的。迈特卡夫定律(Metcalfe's Law)则为互联网的社会和经济价值提供了一个估算的模式，其简单描述为：网络的价值与网络使用者数量的平方成正比。

也有专家结合互联网运用提出了更多的定律，比如“数一数二”定律即不求最大只求最好；金线定律即货真价实才物有所值①。这些定律看起来是针对信息技术发展和互联网技术运用的，实际上也会影响人们在生产生活中的思维。也就是说，在现实社会中，人们的思维也要随着技术的发展而发展。比如，中国科普研究所结合互联网时代的特点，提出了建设“柔性化、结点式、开放型”的智库建设模式；比如，在互联网时代，公司管理上不再受限于“木桶效应”的制约，而是大力发挥长板的作用，形成了长板效应。所以，互联网时代更加需要科学思维，才能在竞争中取得优势。

科学思维的本质是理论和证据的协调。从科学理论演化的角度讲，科学思维有两个阶段。在研究阶段，设计实验并检验理论；在推论阶段，将所得到的结果解释为支持或拒绝理论的证据，并在必要时考虑备选解释。但理论具有普适性，可以指导实践，产生最大的效果。比如迈特卡夫定律就给我们一个很好的启示，无论是物理链接还是组织形式的柔性链接，我们都可以发挥节点的倍数效应和平台的功能，扩大机构自身的功能，克服规模和资源的局限。

科学思维的内涵是科学精神和科学方法的统一。科学精神可以概括为科技共同体在追求真理、逼近真理的科技活动中形成的一种独特气质，是探索求真的理性精神，实验取证的求实精神，开拓创新的进取精神，敢于怀疑的批判精神，竞争协作的包容精神，执着敬业的献身精神。这种精神具有实事求是的唯物主义品质，是客观性和

---

① 王新业.“互联网+”的三大定律[J].销售与市场(管理版)，2016(8)：17-21.

实践性的统一，具有“咬定青山不放松”的性格。科学方法则是科学探索中所使用的理性思维方法，包括实验、观察、逻辑、归纳、演绎、统计分析、社会调查、评估和判断等，这些方法是获取真知识的常用方法，不同于臆断和猜测，而是基于事实和实证。

科学思维有助于我们正确地认识世界和改造世界。科学思维作为正确的思维模式和思维方法，为我们正确认识和改造世界的活动提供了思想武器：一方面，我们可以自觉地遵循形式逻辑的要求，反对相对主义、诡辩论等错误；另一方面，我们还可以运用辩证方法，去反对形而上学的思维形式和思维方法，用联系、发展和矛盾的眼光看问题，全面动态地把握世界。由于互联网的兴起，现代社会呈现出许多不确定性，这就需要用科学思维去粗存精去伪存真，以掌握事物本质和获得真知识。

现代科学的发展离不开正确的思维模式，这种思维模式是科学发现的基础，是一种科学的思维模式。科学思维能够使我们判断事实是否与理论相符合，有利于我们综合运用各种科学思维方法，面对新情况，解决新问题，从而有所发现、有所发明、有所创造。自然科学各门类学科的产生和发展都离不开科学思维的推动。马克思主义认为，科学研究是人类对于未知世界的一种探索，是人类认识世界的一种实践活动。因此，凡是揭开未知世界新的奥秘的成果，都属于科学发现。19 世纪的三大发现——细胞学说、进化论、能量守恒及转化定律，都是科学思维结出的硕果，也是马克思主义哲学产生的自然科学前提①。

科学思维是人们思想交流的基础，也是公民科学素质的重要内

① 钱时惕.重大科学发现个例研究[M].北京：科学出版社，1987：3.

核。人与人的交流离不开正确的思维，科学思维就像融合剂，不同的民族和信仰的人们可以在科学知识的世界中和谐共存；科学思维是精确的、可以检验的，有普遍的适用性，所以，它能使我们了解假设和推论、臆断和证明之间的区别，能帮助我们增强辨别能力；科学思维还可以帮助我们正确地对待“思维定式”：一方面利用思维定式快速解决问题，另一方面又不被思维定式的负面影响所左右。

科学思维可以让我们正确对待未知，避免陷入无端的惶恐。如果人类生活在一个自己难以理解的世界上，就如同将动物转移到陌生的环境里，动物会惊恐一样，人类也会因经常性的惊慌失措而苦恼。现代社会虽然科技发展日新月异，但仍然充满未知。面对未知的情况，如果缺乏科学知识就会被所谓的神秘现象困扰，进而导致杞人忧天，传谣信谣，引发群体性恐慌。面对未知，如果我们具备基本的科学思维，就可以运用简单的方法加以评估和判断，就可以正确应对，避免恐慌。

科学思维可以帮助我们自觉地掌握正确的思维方法和工作方法，尤其可以帮助人们养成良好的思考习惯，不为一时的假象所迷惑。在实际工作中，尽管科学的思维方法不能确保每项工作都取得成功，但毫无疑问，科学思维一定比其他思维方法更可靠，可以使我们少走弯路。尤其在某些现象较为复杂、谬误来源较多的学科中，运用科学的思维方法就显得更加重要。

现实社会中，很多求助于神灵的民众，正是不能很好地运用科学思维和方法，而对未知产生恐惧并转向超自然的神秘力量的。

在实现中华民族伟大复兴中国梦的过程中，我们要进一步发挥正确理论的指导作用，科学思维的认识功能，科学方法的解决问题功能，以不断解决发展过程中的矛盾、问题，克服不平衡不充分发展现象。科学思维不仅是科学研究和探索中的正确思维方法，同时也是解决社会发展问题的法宝，是开启智慧的钥匙。

68. 获取真知识的路径

在人类文明进程中，不断有新知识代替或否定旧知识。但在很多情况下，有些旧知识并不会马上退出历史舞台，而是以文化的形式沉淀下来。“文明是放大了的文化”，这些知识虽然沉淀下来成为文化的一部分，但并不代表其是真知识，更多的时候是以一种神秘的面目出现，阻碍新知识的运用。那么，怎样确定某种知识为真知识，怎样识别一些过时、假冒的知识呢？

理论界公认，一种假说被大家广泛接受必须具备三个条件：第一，它的理论体系必须是自洽的，即它必须自圆其说，不自相矛盾；第二，它必须对已有的发现能够准确地描述，并且符合现有的科学实践；第三，根据这种假说能够得出一些推论和预言，而这些预言能够被将来的实验和观测所验证。当越来越多的推论和预言得到验证时，这一科学假说就得到科学家的广泛接受，而这一科学假说也就被称为科学理论了。

从求知路径的角度看，人们在求知过程中，具有一些特定的方法。公认的方法有四种：信仰、权威、直觉和科学的方法。人类群体之间的关键差别是他们的价值观、信仰、体制和社会结构，而不是他们的形体、头型和肤色①。

信仰产生的知识，虔诚是其可靠性的唯一法门，宣扬“信则灵”“诚则灵”。因此，不管这个知识体系所描述的故事是否为事实、是否

---

① 塞缪尔·亨廷顿.文明的冲突与世界秩序的重建[M].北京：新华出版社，2010：20－21.

真实可靠，相信和虔诚是获取这类知识的唯一方式，而且这类知识也只对信徒有效。一旦被证明无效，信徒会主动为其找到辩护的理由，当然也会有人用新的解说来弥补，甚至产生新的信仰体系。权威的话语或指示也是一种知识的来源和行动的指南，尤其在君本位的社会中，君主的话语就是权威，不容许有任何怀疑和批判，人们只能遵循或执行。权威与信仰的求知方式没有本质的区别，只不过前者信神，后者信的是具有权威的人。两者都把知识当作一成不变的教条，都是基于相信而不是实证。因此，在超过了特定历史条件和地域范围的情况下，这种知识就成为束缚人们思考的枷锁，成为社会进步的羁绊，成为探索的阻碍力量。

基于阴阳五行、天干地支、易经八卦的算命理论，也是中华民族数千年经验积累的结果，从理论上看，也是能够自圆其说的，所以，我认为传统的中医、巫术，甚至算命等也是一种知识体系，他们也有自己的理论体系，只不过这种理论并不一定科学。因为，与之相应的行为大多不可重复，或者不能得到实证，或者不能进行预测并指导社会实践。与这些知识相应的措施、方法，以及其有效性，往往很大程度上取决于施术者的经验、权威，而不是逻辑推理体系和实验的实证方法。

一些地方性知识虽然不一定是真知识，却为地域文化的重要表现，或成为地方文明的组成部分，但由于缺乏科学与技术的支撑，在不同文明之间往往存在传播上的藩篱，大多数情况下，以一种文明冲突的形式此消彼长。而基于科学思维和技术方法的真知识，不论时隔多长，都能够得到广泛传播运用。比如公元 8 世纪中国发明了印刷术，11 世纪发明了活字印刷，但直到 15 世纪这一技术才传到欧洲。造纸术早在公元 2 世纪就出现于中国，7 世纪传到日本，8 世纪传到中亚，10世纪传到北非，12世纪传到西班牙，13世纪传到北欧。而火药产生于9世纪，几百年以后才传到阿拉伯国家，14世纪才传到欧洲[①]。

直觉的方法是一种经验感觉和基于经验所产生的对外界的反映，大多是文学、艺术、创作领域的创造性求知方法。在科学研究领域，一些有经验的科技工作者，也会具备一种直觉思维的能力，并且通过这种能力，克服长期悬而未决的问题，使人豁然开朗，达到“柳暗花明又一村”或者“无心插柳柳成荫”的效果。

科学方法是一个体系，由观察、实验、逻辑、推理、演绎、归纳、运算等方法组成。这些方法是以自然存在为基础，以现有的知识体系、公理、定理和规律为基础，使用逻辑推理方式，进行推论、求证的结果；科学方法中还存在抽象思维，基于现有理论和知识，但有时虽有合理性，却暂时得不到实证，需要时间来证明，直到发明了更先进的研究技术和手段以后，才能进行论证。如爱因斯坦广义相对论的很多预言就是在数十年以后，才被观察和实验所证实的。

寻求知识的方法很简单，当今的很多知识都各成体系，且不同的知识体系也各有道理，无论是通过阅读前辈传承和历史记录的知识，还是自己依据理论生产的新知识，都能够提升个体的知识水平。但对于求真之法，则必须符合科学的知识生产之道，依据科研实证求得真知；或者运用科学方法去获得可靠知识。真知识是基于事实，符合理性，具有实验依据，并可以重复生产的知识。

69. 大数据与统计思维

---

① 塞缪尔·亨廷顿.文明的冲突与世界秩序的重建[M].北京：新华出版社，2010：28－29.

我们平时开车出去旅行，经常会遇到一些路标，如“事故多发路段”之类的警示牌，那么，这结论是怎么得出的呢？是凭经验还是靠科学？凭经验，这里可能是陡滑路段或急弯等，容易发生交通事故。但也可能越是这种路段，大家越是小心驾驶，反而不会发生事故，因为大多数事故是由麻痹大意造成的。凭科学，我们就要问，是因为这个地方已经发生过事故，还是做过实验，此地比别的地方摩擦力小？此地发生事故的频率高？如果是后者，多长时间发生事故算是频率高，是一周，一个月，还是一年，如是等等，至少管理部门得出结论需要科学依据，而不是仅仅凭经验甚至臆断。这就要用到统计思维和技术。

统计是经济社会管理的重要依据，也是现代(社会)科学研究的重要技术手段，在大数据出现以前更是如此。然而，任何技术都具有两面性，具有双刃剑作用，只有正确使用才能产生好的效果，否则，滥用或错误运用，其破坏性也是不容小觑的。统计思维是正确使用统计技术的基础或前提，它指具有统计意识，能够正确运用统计技术分析和解决实际问题的思维模式，比如能够运用概率、频率、群体特征描述等。对于科学研究工作者，能否正确运用统计思维和统计技术，是能不能高效而正确发现和得出结论的关键。

善于运用统计是科学理性的表现，是进步的标志之一。最典型的例子，大概 20 多年前，天气预报往往会用肯定性的语言，如今天小雨，或阴天，或晴天，或小雨转多云，等等。但发现老百姓对天气预报怨气很大，因为依据天气预报来安排日程，有时候会出错，于是后来的表述就更科学一些了，采用统计或概率的方法，如降水概率 50%，或者湿度 80%。到时即使没有下雨，也不能责怪天气预报了。

面对纷繁复杂的世界，统计学是认识自然和社会现象的重要方法。一般情况下，只要是能计量（定量）的现象，我们均可以用统计来描述，比如众数、中位数、平均数可以说明样本、群体或整体的某些性质；诸如身高、体重、胖瘦、运动的速度、能量消耗、个体分布、产量产出等，可以描述个体和群体的基本特征。具有统计思维是很重要的，它在一定程度上能够反映出一个人的科学精神。我们在对一个群体特征和事务对象作描述时，就需要运用统计思维和统计学知识，比如描述人口特征时，可以统计人口的科学素质、性别比例、寿命等，描述农业生产的产量、农业实验的植物性状时，可以统计植物的株高、果实重量、大小等，有时会结合育种筛选出好的品种。而一些重要的社会经济指标，更需要科学统计，以避免虚假数字。作为领导干部，只有掌握正确的情况，才能实事求是地做出判断，进行决策。所以，是否具有统计思维，能否运用统计结果，是能不能科学决策的重要前提。

对于具有科学精神的领导干部，一是需要具有统计意识，即面对复杂而又需要数据描述的对象，能够想到用统计学的方法进行表达和分析；通常，不具备统计思维的人面对复杂局面时会说“很多人、大多数、全部”等概念，而具有统计思维的人会说百分比、概率，用主要特征或指标来描述。二是能够正确运用统计技术进行处理，即依据需要进行定量而具体的描述，如增长速度、同比环比、结构比例等。可见，统计思维是正确运用统计学的前提，而具有统计意识和具备统计技术是有差别的。具有统计意识往往注重用数据作为证据加以表达，但并不能证明其统计的正确合理，而不具备统计学的理论和技术，往往是不能正确使用统计的。如果具有统计思维而不具备统计技术，一般可以通过学习统计学原理和知识，或者请教统计学专家来解决。反之，具有统计技术，而不能正确使用（一般是具体专业），也会出现错误认识，甚至出现错误结论。所以，在认识自然现象的过程中，统计思维发挥着很重要的作用。

在这个小数据时代，统计学在研究宏观现象时非常有效，用于微观现象则要慎重，但如果正确运用则具有意想不到的效果。比如，量子力学、统计力学在理解很多热力学概念（例如熵、温度、气体状态）的起源方面取得了巨大成功，尤其是在普朗克1911年提出光量子的统计原理后，与量子理论的结合进一步完善了统计力学的基础。热力学的压强、温度等与气体（微观粒子）的运动有关，在引入统计概念以前，很难把它与力、速度、加速度等概念联系起来，引入统计（概率）思维以后就很好地解决了一些问题。一些物理学家把统计思维引入物理学研究，在宏观力学与微观世界的粒子物理学研究方面都做出了卓越贡献。技术一旦被专家掌握和使用就会出现较好的效果，如物理学家李政道先生就可以运用统计思维在物理领域做出创新性突破，但统计学家就难以用统计概念来解决物理问题，除非他也是物理学家或物理学研究者。这说明统计技术只是一个工具，需要专业领域的专家才能正确使用，比如在经济学领域，描述一个国家的发展水平，不仅要看产出总量，还要看结构、增长速度、发展质量等，也要看技术来源、投入产出、能耗及效率，从长远看，还应该结合人口规模、结构、素质、性别、区域平衡、环境承受度、资源禀赋、生态质量等，否则，只用单个指标就得出结论，是比较冒失的，也是不科学的。

大数据学科的出现在一定程度上丰富了统计学的内容，提升了统计技术。大多数情况下，可以运用云计算直接分析整体（全样本）大数据，而不必进行抽样，以样本推断总体，这就改变了传统科学研究的线性思维，而用直接面对复杂科学的系统思维，更多考虑要素之间的相关性，而不是因果关系。但这并不能否定统计思维的作用，因为大数据学科中包括了统计学中数据分析的基本方法，如回归分析、分类模型、集成模型、聚类模型等，描述的性质也是统计学语言，仍然需要统计思维来发现规律。

我们经常会在媒体上看到各种各样违背常识或是与我们想象中不同的惊人结论，每当看到这样的结论时，都会产生疑惑，公众也会讥笑作者，如果时间长了，人们可能逐渐不再相信媒体报道的数据。但我们对统计数据失去信任并不是因为知道了统计数据的骗人手法，而只是越来越多不靠谱的结论让我们很难再相信它们。这也不是统计思维的问题，而是使用统计技术的人出现了错误。对于公众来说，了解统计技术，具备统计思维，更有利于识别和判断信息的有效性。否则，一旦我们不能意识到统计结论和实际情况的偏差，我们就会很轻易地相信这些结论。所以，在学习使用统计思维时，思考如何避免常见的统计陷阱是非常有必要的。这样做不仅可以避免相信错误结论，而且能够让我们对于统计思维的本质有更深层次的思考。

一些作者尤其是学生，喜欢用调查数据来论证，用定量方法进行分析，从研究的角度考虑，这是提高科学性、增进结论可靠性的有效技术路线，但问题是很多作者只是停留在形式上，并不考虑抽样框如何确定、技术是否合理、数据是否可靠。即使用了定量分析，也不能把结论与分析结合起来，有时都不知道为什么要研究这个问题，于是，大量的研究成为无效劳动，出现很多伪命题伪研究，浪费时间和资源。

大数据时代的到来，对于公众来说，提升统计思维显得非常必要。但要避免统计陷阱：一是要思考数据的来源和方法。当看到结论时，我们要同时思考辅助结论推导出来的源数据是如何进行采集、录入、加工及输出的，这中间是否存在影响结论客观公正性的问题；二是统计方法是否合适。日常工作生活中，我们要结合研究目的、数据类型及特点，选择合适的方式。例如，平均值适合的情况是样本分布呈正态分布或是橄榄球形状的，在偏态分布或是两极分化严重的随机现象中，更合适的方式是采用分位数；三是避免大数据忽悠。所有的分析工作最终都是为了得到一个结论，有了结论就会做出相应的决策，这些决策一般都会带来较为重要的影响，所以发现结论错误是非常重要且非常有必要的。常见的结论谬误是以偏概全，即将结论的影响因素只归结到少数几种因素，对于某些重要因素并没有考虑到。

70. 科学文化与创新思维

新时代，中国吹响了建设世界科技强国的号角。《国家创新驱动发展战略纲要》明确我国科技事业的发展目标是，2020 年进入创新型国家行列，2030 年进入创新型国家前列，到新中国成立 100 周年成为世界科技强国。2020 年我国公民科学素质达到 10.56%，标志着我国按时进入创新型国家行列[①]。未来我国科技发展目标已经清晰，蓝图业已绘就，当务之急是要抓紧施工。首要的工作是要打稳地基，只有地基稳固，才能盖成壮丽的高楼大厦，而科学文化建设就是个打地基的工作。随着科学技术的蓬勃发展，科学文化逐渐渗透到社会生活的各个领域，科学技术与社会、公众的关系日益密切，科学文化已经成为社会文化发展的重要内容。在实施创新驱动发展战略，加快建设创新型国家，为实现中华民族伟大复兴的中国梦而努力奋斗的新时代，迫切需要培育科学文化的肥沃土壤，为科技创新、经济社

① 根据中国科普研究所 2020 年中国公民科学素质调查主要结果，世界主要发达国家进入创新型国家行列的公民科学素质比例是 10%。

会和文化发展提供源源不断的动力源泉。

科学文化内涵极为丰富，涉及科研伦理、科研组织管理、科研活动、科学评价，以及科学与经济、民生、社会等方方面面的关系。纵观全球，一个国家或地区实现高质量、可持续的发展，绝对离不开科学文化的培育和建设，科学文化是塑造现代社会的重要力量，也是现代科技事业发展的基石[①]。站在新时代的起点，思考当代中国的科学文化建设，既是对现实需求的积极回应，也是对中国未来科学发展模式与支撑环境的战略性思考。[②]

我国的经济总量已跃居全球第二，但文化软实力却没有得到相应提升。习近平总书记多次强调指出，要提高国家文化软实力，努力提高国际话语权。科学文化作为社会文化的重要组成部分，作为先进文化的代表，理应加以高度重视，得到优先发展。

科学文化是科学思想、科学知识、科学方法、科学精神和科学行为等社会化的结果，是人类文明进步的结晶。科学文化虽然诞生于西方，却是人类社会共同的成果和财富，对每一个民族都有浸润和滋补的作用。无论是世界近代史还是中国历史都证明了，每一次科学技术的传播和科学文化的兴盛，都导致所在地区发生了巨大变化，这种变革首先是思想上的，并马上体现在产业和社会发展各方面。然而，我国民众对于近代科学知识和思想的接触比较晚，我国公民科学素质仍然较低，科学文化建设滞后，已经成为制约我国经济发展方式转变、结构转型的因素之一，并可能进一步影响我国建设世界科技强国目标的实现。有关研究表明，无论是“李约瑟之惑”还是“钱学森之

---

① 参见上海交通大学出版社出版的“科学文化译丛”总序，该丛书主编为王春法。

② 郑念，王明.科学文化建设:现实需求与未来走向[J].科学与社会，2017(02).

问”,都与我国科学文化建设滞后有一定关系。现实一再证明,当今中国建设和发展科学文化比以往任何时候都急迫。

建设科学文化是一个长期过程和庞大工程,需要借鉴人类社会文化发展中取得的一切优秀成果,其中也包括西方现代科学文化形成的历史经验。在实现中华民族伟大复兴、实现中国梦的过程中,我们要充分利用人类共有的先进文化资源,尤其是近 500 年来的科学文化建设和培育成果。这样做,可以使我国的科学文化建设少走弯路。

从科学文化发展的历史看,她是人类文明和文化发展的高级产物,是古代文明在长期探索自然和人类社会规律中逐渐形成的,并在公元 16 世纪后加速发展,成为一种先进的文化形态,至今以及将来都可能是最为合理、最为进步的文化形态之一。17 世纪的科学革命,既是人类文化交汇和相互作用的结果,也是科学革命促进产业变革的典型案例。这场革命虽说是欧洲的,但也是世界的。从那以后,科技作为生产力的地位迅速上升,并且越来越重要,成为推动经济发展甚至是世界变革的重要力量。科学革命不但导致了现代科学知识和理论体系的诞生,也开启了科学技术的制度化进程;随着科学文化在世界范围内的广泛传播,现代科学技术在全球范围内得到制度化的快速发展。科技共同体中树立的那种追求真理的文化品质,以及它的传播扩散而形成的崇尚科学的社会氛围,已经成为经济社会发展进步的动力源泉,不断为经济的持续发展拓展更为广阔的空间。现代科学与现代文化是共生共变的关系,如果一个社会的经济形式和文化形态是中世纪的,就不可能产生高度发达的现代科学体系。随着社会主义制度优势的不断发挥,以往制约科学文化发展的种种因素将逐渐得以消除,建设全面、健全、完备的科学文化将是逻辑的必然。

目前，国内学术界对于科学文化的研究已有一定的基础，但总体上看，我国至今还缺乏全面系统的科学文化研究成果。如果没有一个促进科学发展的社会环境与文化氛围，就无法实现真正的民族复兴。在我国成为世界第二大经济体的今天，加强文化软实力的研究和建设，不仅十分必要而且非常迫切，是一项高效优质的投入。

当今我们处于一个大众创业万众创新的新时代，创新成为时代的灵魂，而要实现创新，需要有创新思维，这是因为"思维是行动的先导"，只有在思想上、思维形式上具有创新的品质，才能真正实现创新。创新活动的主体是人，从系统论的角度看，人类从事创新实践的过程，就是一个与环境不断交换能量和物质的过程[①]，在这个过程中，思维起着不可替代的作用，而创新环境就是一种文化或者说是创新文化。从创新的本质看，科学文化是创新思维的营养，是创新的土壤。因为从人类思维回答方式的构成因素看，知识、观念、方法、语言框架、问题情境、思维程序等，每一个都是文化构成的重要元素。在一定程度上说，创新思维就是相对于传统思维而言的，是一切具有创新性质的整体性思维过程。可见，创新思维是一种系统性产出，既有人脑的主观作用，也有文化的环境作用，还有实践的客观作用。她不是一种简单孤立的思维活动形式，也不是两种或者几种思维活动类型的简单叠加，而是一个包括逻辑思维与非逻辑思维，形象思维与抽象思维，发散式思维与聚合式思维，直觉思维与灵感思维等诸多形式相互作用、相互协调、综合作用的结果。因此，科学文化的功能表明，创新思维的产生是科学文化的必然产出，反之，缺乏科学思维、创新思维的产生可能就是偶然性的结果。

---

① 刘卫平.创新思维[M].杭州：浙江人民出版社，1999:3－5.

结语:思维让知识活跃起来

认识是一种映射,是客观事物在人脑中的反映。但认识不是一种教条的、简单的、机械的映射,而是对客观事物的能动反应。思维是一种能力,包括分析、综合、概括、抽象、比较、具体化和系统化等过程,具备这种能力才能对感性材料进行加工并转化为理性认识,用以解决问题。这种能力不仅是学习能力的核心构件,也是解决问题、实现创新的重要技能。

思维还可能是一个人的心理活动,包括构思、联想、记忆、判断等相关心理活动。可见思维具有潜在性,是一种隐性的“知识”,并且具有层级性和价值导向性,即有高低好坏、简单复杂之别,而且,思维的结果主要通过语言和行动来反映。从思维层次看,人们习惯于较低层次的思维,这与思维层次的属性有关。一般地,我们可以把一些简单的思维形式归类为线性思维。具有如下特点:一是简单归因,也就是直线推理;二是经验或一维评判。这种思维形式得到的结论可以偶尔正确,时常觉得有理,但多数情况下问题很多。比如用单一指标反映系统状态,很可能影响系统的整体发展。

本质上,思维是人类区别于其他生灵的重要特征,更是人类文明进步的原动力,人类社会的每一次进步都离不开思维能力的提高。正确的思维能够促进社会进步和文明进程,破坏性思维可能导致自然的破坏、社会退化。因此，崇尚、树立正确的思维，无论对于个人、集体、社会，都是十分重要的。那么正确的思维从哪里来呢？

毛泽东主席早就告诫我们："人的正确思想是从哪里来的？是从天上掉下来的吗？不是。是自己头脑里固有的吗？不是。人的正确思想，只能从社会实践中来，只能从社会的生产斗争、阶级斗争和科学实验这三项实践中来。"人类社会的发展历史和科技发展的历程都充分证明了这一点。人的思维在一定程度上可以被看作是知识的运用，但运用于思维的知识不一定完全是靠学习、教育和传承而来，有时更多地与经验、经历、环境、历史和文化有关。思维既是一种认知、知识的运用，更是一种实践、解决问题的能力。一般地，有了更多的知识，就会有更深层次的思维，而更深层次的思维就会产生与众不同的认识。在这个过程中，思维本身虽然是个体的财富，是个体行为的先导，但可以通过语言和文字的累加达到升级的效果。在人类群落产生的低级阶段，其思维方式也比较简单，无非是为了生存和繁衍，满足最基本的需求，至多结合环境的变化，做出趋利避害的选择。随着生产力的发展，产生了剩余产品，除了简单的生存需求以外，还产生了部分的共有产品。于是，人类的思维方式也产生了一定的进化，除考虑个体和家庭的生存繁衍以外，产生了占有的欲望，导致种族、部落之间的竞争。在思维方式上，以及与思维相结合的行动选择上，不仅要照顾个体的生存和发展，还要考虑族群、部落、国家等共有家园的持续发展。由于存在价值观的差异，不同社会群体之间的竞争，不再完全取决于个体或单个要素，而要追求一种合力，即把全社会的理念凝聚成合力，其关键就要有正确的思维方式，用正确的思想来引导。因此，社会越发展，科技越进步，思维就越重要。

一个人的思维方式很重要，直接影响其生产的效率和生活的质量。当今社会有很多人选择“躺平”,与其说是因为其能力不够,倒不如说是其努力不够,从根本上看,是其思维方式出了问题。他们要么认为“成功人士是机遇好,是有个好爸爸,是会来事儿”,要么认为“努力没有用”,要么觉得自己能力强也很努力,但结果不如那些“会说话、会取巧”的人。有人把一个人的成就概括为“思维方式、能力、努力的乘积”,我认为很有哲理性。因为乘积的概念意味着,如果其中一项为零,结果就可能为零。我认为,思维方式可能决定事物发展的方向,也就是可能为正,也可能为负;大多数情况下,能力和努力的数值为零的概率是比较小的,但如果一个人的思维方式不对,也就是没有正确的思维,那么能力强也没有什么用处,可能越努力,结果越不好;而即使思维方式正确,没有能力或者不够努力,也不能取得理想的成绩。现实社会中,往往由于缺乏正确的思维,导致有些人满腹经纶无处使用,使得英雄无用武之地。

没有正确的思维,就会被人牵着鼻子走,失去自我,失去方向。今天,我们处于信息社会、全媒体时代,信息无处不在,知识被各种信息裹挟,泛在而泛滥,易得而易错。人人都是知识和信息的传播者,又是知识和信息的接收者。我们无时无刻不在被别人所影响,又时刻在影响他人,通过表达自己的思想来获得他人的认可。传统的物理社会有了一个平行的虚拟社会和精神空间。世界的边界既被扩大了,也被撕裂了。世界中的你,也被分割成现实中的你、网络社会中的你、物理形象的你、精神世界中的你。在这种情况下,更加需要有正确思维作为引导。

当今,我们可以轻易获取各种知识和信息,但在这么一个时代背景下,如果缺乏正确的思维,光有知识不仅无益,反而有害。因为知识具有工具性、载体性、媒介性;呈现出显性和隐性、先进与落后、促进与阻碍等不同特征。知识的工具性特点，使其可以被用于不同的场合、途径；有不同的学科、领域；可以被不同价值观的人使用。不同的立场、观点，表达的内容和达到的效果会有很大的差异，有时甚至是完全相反的结果。知识作为工具和媒介，不论是用来传递思想、表达感情、申诉需求，还是用来认识和理解客观世界，以继承文化、延续传统、反映真相；不论是正规的学习和教育，还是家庭和社会的传承，都不仅是知识的传播，而且是思想的存续。在这个历史过程中，发挥核心作用的已不再是知识而是思维。没有正确的思维，知识甚至不能转化为认识，更不用说技能和创新。

思维是认识的统帅，只有在正确思维的指导下，才能发挥知识的价值，产生力量。思维既是知识的生产过程，也是知识的运用过程；既是信息的传播过程，又是信息的加工和增殖过程，所以，思维在一定程度上决定知识和信息的价值。

现实社会中，很多求助于神灵的民众，正是不能很好运用科学思维和方法，而对未知产生恐惧，从而转向超自然的神秘力量。殊不知，正如国际歌中所唱的，“从来就没有什么救世主，也不靠神仙皇帝，要创造人类的幸福，全靠我们自己。”马克思主义者历来用唯物主义的认识论，用科学的思维方式作引导，唤醒民众，才能打破旧世界，创造新社会，实现人类共同的美好理想。正是由于中国共产党坚持马克思主义作为指导思想，才使中国发生了翻天覆地的变化。在实现中华民族伟大复兴中国梦的过程中，我们要进一步发挥正确理论的指导作用，科学思维的认识功能，科学方法的解决问题功能，以不断解决发展过程中的矛盾和问题，克服不平衡不充分发展现象。科学思维不仅是科学研究和探索中的正确思维方法，同时也是解决社会发展问题的法宝，是开启智慧的钥匙。

参考文献

1. 张宏杰. 中国国民性演变历程[M]. 湖南人民出版社,2013.
2. 彼得・克里斯普. 文明[M]. 苏扬,张天,尚宁,译. 北京:科学普及出版社,2020.
3. A. 拉宾格尔,H. 柯林斯. 一种文化? 关于科学的对话[M]. 张增一,王国强,孙小淳等,译. 上海:上海世纪出版集团,2017:24－29,125－128.
4. 欧文・拉兹洛. 多种文化的星球[M]. 戴侃,辛未,译. 北京:社科文献出版社,2001.
5. 欧文・拉兹洛. 第三个 1000 年:挑战和前景[M]. 王宏昌,王裕棣,译. 北京:社科文献出版社,2001.
6. 任继愈. 中国哲学史(第一册)[M]. 上海:人民出版社,2000.
7. 张维为. 文明型国家[M]. 上海:上海人民出版社,2017.
8. Paul Kurtz. What Is Secular Humanism? [M]. New York: Prometheus books, 2007.
9. Paul Kurtz. Declaration of secular humanism 2000 [M]. New York: Prometheus books, 2001.
10. 朱利安. 简明世界历史大全[M]. 刘源,译. 北京:三联书店,2004.
11. 罗素. 西方哲学史(上)[M]. 马元德,译. 北京:商务印书馆,2020.
12. 罗伯特・所罗门,凯思林・希金斯. 大问题:简明哲学导论(第九版)[M]. 张卜天,译. 桂林:广西师范大学出版社,2014.
13. Molefi Kete Asante. 100 Greatest African Americans: A Biographical Encyclopedia [M]. New York: Prometheus books, 2003.
14. Gillooly, Robert J. All About Adam & Eve [M]. New York: Prometheus books, 2010.
15. Elbert, Jerome W. Are Souls Real? [M]. New York: Prometheus books, 2010.
16. 菲利普・鲍尔. 好奇心:科学何以执念万物[M]. 王康友等,译. 上海:上海交通大学出版社,2017.
17. 刘继军. 爱因斯坦想象颠覆世界[M]. 北京:北京联合出版公司,2016.

18. 尤瓦尔·赫拉利. 未来简史:从智人到智神[M]. 林俊宏,译. 北京:中信出版社,2017.
19. 阿尔伯特·爱因斯坦. 我的世界观[M]. 方在庆,译. 北京:中信出版社,2018.
20. 安东尼·M. 阿里奥托. 西方哲学史[M]. 鲁晓东等,译. 北京:商务印书馆,2011.
21. Thomas L. Hankins. Science and the Enlightenment (Cambridge Studies in the History of Science) [M]. Cambridge:Cambridge University Press, 1985.
22. Anthony Pagden. The Enlightenment: And Why It Still Matters [M]. New York:Random House, 2013.
23. Jim al-Khalili. The House of Wisdom: How Arabic Science Saved Ancient Knowledge and Gave Us the Renaissance [M]. New York: Penguin Press HC, 2011.
24. Robin Dunbar, Chris Knight and Camilla Power. The Evolution of Culture: A Historical and Scientific Overview [M]. New Jersey: Rutgers University Press, 1999.
25. Edward Grant. A History of Natural Philosophy: From the Ancient World to the Nineteenth Century [M]. Cambridge: Cambridge University Press, 2007.
26. Ian Inkster. Scientific Culture and Urbanisation in Industrialising Britain [M]. London: Routledge, 1997.
27. Thomas F. Torrance. Christian Theology and Scientific Culture [M]. Oxford:Oxford University Press, 1998.
28. 郑念,王丽慧,孙红霞. 多维视角中的科学[M]. 北京:中国科学技术出版社,2021.
29. 郑念. 科学文化建设研究[M]. 北京:中国科学技术出版社,2019.
30. 陆贵山,周忠厚. 马克思主义文艺理论宣讲[M]. 北京:中国人民大学出版社,1999.
31. 李醒民. 科学的文化意蕴:科学文化讲座[M]. 北京:高等教育出版社,2007.
32. 方子卫. 现代科学与文化[M]. 台北:中华文化出版事业委员会,1952.
33. 卜宪群. 中国通史:从中华祖先到春秋战国[M]. 北京:华夏出版社,合肥:安徽教育出版社,2021.

34. 袁正光. 科技知识简明读本[M]. 北京:改革出版社,2000.
35. 特伦斯·海恩斯. 伪科学与超自然现象[M]. 郑念,译. 上海:上海交通大学出版社,2018.
36. 王余光. 中国阅读通史(明代卷)[M]. 合肥:安徽教育出版社,2019.
37. 申振钰.《科学与无神论》杂志的历史功绩研究报告[M]. 2021 年四月北京
38. 刘志迎. 中国创新 50 人笔谈[M]. 合肥:中国科技大学出版社,2019:256.
39. 陈晋. 毛泽东阅读史[M]. 北京:三联书店出版社,2018.
40. 理查德·保罗,琳达·埃尔德. 思辨与立场:生活中无处不在的批判性思维工具[M]. 李小平,译. 北京:中国人民大学出版社,2019(65).
41. 何怀宏. 仅此一生:人生哲学八讲[M]. 桂林:广西师范大学出版社,2021:103 - 124.
42. 布鲁克·诺埃尔,摩尔·理查德·帕克. 批判性思维[M]. 朱素梅,译. 北京:机械工业出版社,2016:78,125.
43. 钱时惕. 重大科学发现个例研究[M]. 北京:科学出版社. 1987:114,126.
44. 塞缪尔·亨廷顿. 文明的冲突与世界秩序的重建[M]. 北京:新华出版社,2010:28 - 35,146,184.
45. 刘卫平. 创新思维[M]. 杭州:浙江人民出版社. 1999:3 - 7.
46. 亚伯拉罕·马斯洛. 动机与人格(第三版)[M]. 许金声,译. 北京:中国人民大学出版社,2012.
47. 埃贡·G. 古贝,伊冯娜·S. 林肯. 第四代评估[M]. 秦霖,蒋燕玲等,译. 北京:中国人民大学出版社,2008:1 - 2.
48. 李志军. 重大公共政策评估理论、方法与实践[M]. 北京:中国发展出版社,2013:9.
49. 彼得·罗西,霍华德·弗里曼,马克·李普希. 项目评估:方法与技术[M]. 邱泽奇,译. 北京:华夏出版社,2002:13 - 14,128.
50. 戴维·迈尔斯. 心理学[M]. 黄希庭,译. 北京:人民邮电出版社,2013.
51. 罗伯特·斯莱文. 教育心理学[M]. 姚海林,译. 北京:人民邮电出版社,2011.
52. 联合国教科文组织. 教育——财富蕴藏其中[M]. 联合国教科文组织总部中文科,译. 北京:教育科学出版社,2018.
53. 联合国教科文组织. 反思教育:向"全球共同利益"的理念转变[M]. 联合国教科文组织总部中文科,译. 北京:教育科学出版社,2018.

54. 联合国教科文组织. 学会生存:教育世界的今天和明天[M]. 联合国教科文组织总部中文科,译. 北京:教育科学出版社,2018.
55. 巴比·艾尔. 社会研究方法(第 10 版)[M]. 邱泽奇,译. 北京:华夏出版社,2005.
56. John Dewey. Theory of Valuation [M]. Chicago: University of Chicago Press, 1939.
57. John W. Creswell, J. David Creswell. Research Design: Qualitative, Quantitative, and Mixed Methods Approaches [M]. Los Angeles: SAGE Publications, 2003.
58. National Research Council, Division of Behavioral and Social Sciences and Education. How People Learn: Brain, Mind, Experience, and School: Expanded Edition (Informal Learning) [M]. Washington, D. C.: National Academies Press, 2000.
59. 斯蒂文·小约翰. 传播理论[M]. 陈德民,叶晓辉,译. 北京:中国社会科学出版社,1999:74.
60. 洪晓楠. 科学文化哲学的前沿探索[M]. 北京:人民出版社,2008.
61. 科普过时了吗? [N]. 科技日报,2015(06).
62. 郑念. 科普使命任重道远[J]. 中国科技奖励,2014(06):46-49.
63. 杜悦. 走向科学传播的双向互动[N]. 中国教育报,2001-07-12(007).
64. 郑念. 科学促进道德进步[J]. 科学与无神论,2005(02):17-19.
65. 王明,郑念. 基于行动者网络分析的科普产业发展要素研究——对全国首家民营科技馆的个案分析[J]. 科普研究,2018(1).
66. 郑念. 应高度重视科学文化的建设和传播[J]. 科学与社会,2019,9(01):25-27.
67. 郑念,王明. 科学文化建设:现实需求与未来走向[J]. 科学与社会,2017,7(02):20-26.
68. 王明,郑念. 当代科学文化建设的现实情境、阶段特征与战略价值[J]. 天津科技,2017,44(05).
69. 李红. 论学习活动的本质[J]. 心理学探新,1999,19(1):36-43.
70. 郑念. 逻辑思维的盲点和盲区[N]. 科学时报,2019-03-01.
71. John Munro. Creativity and critical evaluative thinking.
72. Baker A, Foundation B, Consulting A B, et al. Evaluation Capacity & Evaluative Thinking in Organizations.